JN215659

大人のための恐竜教室

真鍋 真
×
山田五郎

ウェッジ

大人のための恐竜教室

はじめに

真鍋 真

日本人は世界一、恐竜に関心のある国民かもしれない。恐竜は世界中の子どもたちに人気があるが、日本のすごいのは恐竜に関心のある大人が多く、出版物や展覧会などでも、最新の研究成果など、大人向けの内容がふんだんに盛り込まれているからだ。

それは、恐竜少年少女を卒業し損ねた大人たちの存在に加えて、「子どものおかげで、30年ぶりに恐竜に接するようになったのですが、僕が子どもの頃とは全然違っていて、すごいですね」と言うお父さんたちや、「うちの子は女の子なのに恐竜が大好きで、一緒に本を読んだり、博物館に通ったりするようになりました。恐竜って面白いですね！」と言うお母さんたちのおかげである。

山田五郎さんは恐竜が大好きだった少年時代を過ごしたが、博覧強記な山田さんと言えども、この企画を通して久しぶりに恐竜に接していただいたそうだ。山田さんと私は同世代なので、子ども時代の思い出など、共通するところが多々ある。今回、古い図鑑を一緒に見ながら、「むかしはこんなふうだったですよねー」

とか、「あれ、この頃から説明が変わりましたね」というような数々の発見を一緒にすることができた。

「鳥に進化した恐竜が鳥盤類じゃないなんて紛らわしいですよ。なんで変えないんですか？　もっとふさわしい名前をつけたらいいじゃないですか！」なんていう提案もいただいた。学名や分類群名を変えてしまうと分類学が混乱するので、恐竜学者は１８８７年に提唱された竜盤類と鳥盤類をいまだに使い続けている。でも、２０１７年3月に提唱された新しい系統仮説のほうが有力と認められたら、山田さんの提案のように変わるかもしれない。

　この本は、ふたりの元少年が対談した内容だが、うん十年ぶりに恐竜に接する方にも、そして初めて恐竜に興味を持ってくれるかもしれない方にも、手に取ってもらえたらと思って企画したものである。

　それは、せっかく日本に生まれた方や、日本語が読める方たちに、世界的な「恐竜関心王国日本」を発見、体験していただきたいのだ。そうでなければ、もったいないし、恐竜という新しい視点、観点を持ったら、きっと読者一人一人の心の中で、何か新しいことを発掘してもらえるのではないかと信じているからだ。

◉もくじ◉

はじめに――真鍋 真……2

地球の歴史……8

プロローグ　**昔と今の恐竜常識**

なぜ変わる、恐竜常識……12

加速度的に進化を続ける恐竜研究／四足歩行になったスピノサウルス／
水から出されたブラキオサウルス／頭突きをやめたパキケファロサウルス

恐竜との出会い……26

ばかでかい&変すぎる、そこがイイ／恐竜を広めた怪獣ブーム／
四足歩行と二足歩行、どっちが好き？

コラム1　恐竜の分類……38

講義　1時限目　**恐竜発見！**

恐竜研究の歴史……42

イグアノドンの発見／進化論を後押しした「始祖鳥」／

産業革命が恐竜の発見を促した／恐竜研究のエポックメイキング　子育て恐竜と羽毛恐竜／珍説「恐竜人間」／恐竜研究「やっちまった！」

化石はなかなか見つからない……60
選ばれしものが化石になる／恐竜のウンチの化石／化石発掘の現場で

コラム2　恐竜のスペック……72

講義　2時限目

恐竜が生きた時代

地球誕生から恐竜の出現まで……76
三畳紀、ジュラ紀、白亜紀の恐竜／恐竜はなぜ鳥に？／恐竜誕生まで／恐竜の出現／

恐竜時代の終焉……90
隕石衝突！／鳥は本当に恐竜なのか／巨大恐竜は消えた？／進化と生き残り

コラム3　恐竜から鳥類への生物学……104

講義 3時限目
そもそも恐竜って、どんな生き物?
恐竜は何種いる?……108
恐竜の仲間は大きくふたつ、竜盤類と鳥盤類／鳥に進化したのは竜盤類／
恐竜は大きく分けて5グループ／恐竜の名前は誰がつける?
恐竜の生態……121
恐竜が巨大化したわけ／歯は死ぬまで生え替わる／
肉食の歯―ティラノサウルス／
草食の歯―ディプロドクスとカモノハシ竜／
視力、聴覚、嗅覚／無駄が多いから面白い
コラム4 国立科学博物館の展示室から……138
講義 4時限目
素朴な疑問
恐竜Q&A……142
ブロントサウルス復活?／ティラノサウルスは羽毛かウロコか／
羽毛のルーツはウロコ／日本の恐竜たち

大型爬虫類Q&A……163
海に進出した爬虫類―魚竜・首長竜／空飛ぶ爬虫類―翼竜

コラム5　この本に出てくる恐竜研究年表……172

講義　5時限目
だから恐竜は面白い！

続々発表最新学説……176
恐竜研究を変えた！　羽毛恐竜／羽毛だけでは鳥じゃない、鳥と恐竜の境目／羽毛からわかる恐竜の色／営巣する恐竜たち／恐竜の卵からわかること／最新の分類説

恐竜学者になりたい……204
まだやることは残っていますか？／好きなだけでは無理？／僕はこうして恐竜学者になれた

おわりに――**山田五郎**……218

この本に出てくる恐竜一覧……220

●20万年前、ヒトが誕生

●約700万年前、人類がアフリカで誕生

●霊長類の出現

●6600万年前、鳥類の一部を除いて恐竜が絶滅

●大陸の分裂が進み、大陸ごとに特徴のある恐竜の進化、
大きな花や実をつける被子植物の出現

●パンゲア超大陸が、北のローラシア大陸と南のゴンドワナ大陸に分裂

●鳥類の出現

●恐竜の出現、翼竜の出現、首長竜の出現、魚竜の出現、哺乳類の出現

●史上最悪の大量絶滅

●殻のある卵を陸上に産む爬虫類の出現

●魚類の上陸（「両生類」の誕生）

●オルドビス紀とシルル紀の境界で最初の大量絶滅

●陸上に植物が出現

●カンブリアの大爆発的進化

●10億年前頃：多細胞生物の出現？　12億年前頃：有性生殖の始まり？

●34億年前頃：光合成の開始？

※ ～年前という数字は、国際年代層序表（2017年2月版）を参考にしています。

【地球の歴史】

	現代	第四紀
新生代	258万年前	新第三紀
	2303万年前	古第三紀
中生代	6600万年前	白亜紀
	1億4500万年前	ジュラ紀
	2億年前	三畳紀
古生代	2億5190万年前	ペルム紀
	2億9890万年前	石炭紀
	3億5890万年前	デボン紀
	4億1920万年前	シルル紀
	4億4380万年前	オルドビス紀
	4億8540万年前	カンブリア紀
	5億4100万年前	先カンブリア時代

プロローグ

昔と今の恐竜常識

撮影協力：国立科学博物館

なぜ変わる、恐竜常識

加速度的に進化を続ける恐竜研究

真鍋　山田さんの最大の疑問は、「恐竜常識ってしょっちゅう変わっちゃって困るんだよね、なんで？」ということでしたね。

山田　ウチの子どもがまだ恐竜に興味があった20年ほど前に、一緒に図鑑を見ていたりして困ったのは、自分が子どもだった50年ほど前の常識が通用しないことでした。「これはブロントサウルス」と指したら「違うよ！　アパトサウルスだよ！」と突っ込まれたりして。最近の恐竜展なんかを見ると、20年前と比べてもさらにいろいろなことが変わっていますよね。これは親としての威厳を保つ上で、実に頭の痛い問題です。

　ティラノサウルスなんて、僕が子どものころはゴジラみたいに直立気味で尻尾を引きずって歩いていたのに、いつの間にか前傾姿勢になって尻尾と頭を水平にして歩いているじゃないですか。**骨格の化石は変わっていないはずなのに、なぜ歩き方が変わるんですか？**

アパトサウルス
Apatosaurus
《惑わしトカゲ》
ジュラ紀後期の竜脚類で、四足歩行・植物食。がっしりした胴体と長い首、細長い尾が特徴。

真鍋　恐竜の足跡の化石を見ると、尾を引きずった跡が全然ないんですよ。だから、尾は引きずらなかったんじゃないかという指摘は、ずいぶん前からありました。生体力学的研究が進んで、体をほぼ水平に伸ばした姿勢でバランスをとって歩いていたということが確実になったので、それから復元画もがらっと変わりましたよね。

山田　恐竜に関する情報で、**逆にここだけは絶対に変わらないっていうポイント**はありますか？

真鍋　ここは絶対変わらない、ここさえ押さえておけばいいですよ、ということが言えるといいんですけれど、実はそうもいかないんです（苦笑）。

山田　えっ!?　それはまた一体なぜ？

真鍋　ひとつ言えるのは、恐竜研究は加速度的に進んでいます。現在、学名がついている恐竜はどのくらいいると思います？　図鑑に載っているのは紙面の都合がありますから、だいたい各社横並びで２００～３００種くらいなんですが、マイナーな恐竜もすべて入れて、１０００種、１万種、10万種、どうでしょう。

山田　10万種はいないでしょうが、加速度的に研究が進んでいるという話の流れでクイズにするということは、実は10万種が正解？

昔の復元画

現在の復元画

全長約12～13m

ティラノサウルス
Tyrannosaurus
《暴君トカゲ》
白亜紀最末期を代表する二足歩行の獣脚類で、最大級の肉食恐竜。短い前あしとがっしりした頭が特徴。

真鍋　って考えたくなりますよね（笑）。これは実は引っ掛けで、現在正しい学名として認められているのは、**だいたい1000種ぐらい**なんです。

山田　意外に少ないんですね。

真鍋　では、もうひとつ質問。昨年2017年に正式に学名のついた恐竜は、どのくらいいると思いますか？

山田　恐竜研究が始まってから現在までで1000種ですよね。とすると……。

真鍋　正解は41種です。でも、当たり年になると50～60種ぐらい出てくるんですよ。1年は52週間ですから、**毎週どこかで新しい恐竜が生まれている**という計算になるんです。

山田　年に50種増えてたら、20年で1000種。恐竜研究が始まって以来200年近くかけて積み上げてきた成果を、わずか20年で超えちゃうことになりますよ。

真鍋　ですから、そういう勢いで増えていっているんです。

博物館に展示されていたり、図鑑で紹介されていたりすると、もうその事実は確定していて研究が終わったかのような印象を持たれると思うんですけれど、実はそうじゃない。研究が進めばこれまで別種だと考えられていた恐竜が同じ種に分類されて学名が減ることもありますし、全身骨格が見つかれば実は復元が間違っていたということに気づく場合もあります。

そうやって新しい研究が続々と発表されているので、国立科学博物館（以下、科博）でも2015年7月に、最新研究を反映させて16年ぶりに恐竜の常設展示を部分的にリニューアルしました。でも、それもまた変わらなくてはならないでしょう。

山田　まだまだ変わるんだ！　だったらもう開き直って、逆にどう変わっていくのかを楽しんでしまうしかないですね。

四足歩行になったスピノサウルス

真鍋　先ほども新聞社の記者の方からの電話取材を受けていたんですけれど、その記者の方の疑問も、自分の子どもの頃とはずいぶん恐竜事情が変わっている、なぜなんですか、というものでした。

その方は45歳の男性で、自分も子どものときは恐竜が好きだったけれど当時の一番人気はもちろんティラノサウルスで、今の子どもたちが好きだというスピノサウルスのことは全然知らなかった。ティラノサウルスよりも大きいスピノサウルスが今の子どもたちに人気なのはわかるけれど、調べてみたら**スピノサウルス**

全長約12〜14m

「恐竜博 2016」会場写真　写真提供：真鍋 真（国立科学博物館）

スピノサウルス
Spinosaurus
《とげを持つトカゲ》
白亜紀後期に繁栄した大型の獣脚類で、四足歩行・魚食（肉食）。高さ1.6ｍもの帆状の突起が特徴。

の命名は1915年。自分が生まれるはるか以前に見つかっていた恐竜なのに、自分は全然知らなかった、これは一体なぜなんですか？　と言うんですね。

そもそも最初のスピノサウルスが発掘されたのはエジプトなんですけれど、その化石はドイツの古生物学者が見つけたもので、ドイツに運ばれて展示されていました。それが、第二次世界大戦の空襲で焼けてしまった。だから、記録は残っているものの、いい標本がなくてしばらく謎の恐竜のままになっていたんです。

その後、新しい化石が発見されて研究が進み、2014年に、実は四足歩行だったんじゃないかとか、恐竜には珍しく水中で生活していたんじゃないかという仮説が発表されて、再注目されるようになりました。

それと、2001年公開の映画『ジュラシック・パークⅢ』で、それまで一般的に地上最大の肉食恐竜だと思われていたティラノサウルスよりも、大きな肉食恐竜としてフィーチャーされたことも大きかったと思います。スピノサウルスのシルエットが映画を象徴するマークにも使われていて、それでたぶんちびっこたちの人気者になったんでしょうね。

2016年に科博で開催した「恐竜博2016」でも、史上最大の肉食恐竜としてスピノサウルスは展示の目玉になっていました。山田さんもあの恐竜博に来てくださいましたよね。

山田　あのとき真鍋さんに、**スピノサウルスは以前は二足歩行だったと考えられていたけれど、化石の発見が相次いでみると四足歩行だったことがわかった**と教えていただいたんですよね。

映画『ジュラシック・パークⅢ』ではまだ二足歩行の姿で描かれていますが、骨の組み方が間違っていたとわかったのは、いつ頃なんですか？

真鍋「恐竜博２０１６」の展示は、２０１４年に発表された説をもとにしています。**ただ、全身骨格がきっちり一体分見つかっているわけではないし、前あしと体の部分が一体分つながった状態で見つかっているわけでもない**んです。

山田　え？　嫌な予感が（笑）。まさか、また二足歩行に戻る可能性も？

真鍋　二足歩行の恐竜にしては前あしが長いというのが、四足歩行だったとする根拠になっているわけですが、実は体と前あしは別々の個体のものかもしれないんです。つまり、小ぶりな体に体の大きな個体の前あしが組み合わさってしまったのではないかという危険性がないとは言い切れません。

体の大きな恐竜の全身骨格がそろうことはごく稀で、たいていは体の一部しか見つかっていないか、大部分が見つかっていてもバラバラ死体の状態で発見されます。それで、別の場所で見つかった同じ種類の恐竜の化石をツギハギして復元することもあるので、本当にあの大きさ、プロポーションでいいのかということに関しては、常に疑問符がついています。ケチをつけているわけではないのですが、科学者としては、「本当にそうなのか」と常に問うていかなくてはいけないところですね。

山田　無理に全身骨格を組み上げず**「これだけしか化石が見つかっていないので、全体像はまだわかりません」って、素直に謝っちゃうわけにはいかないんですか？**　なまじ全身像を見せられちゃうからイメージが固まってしまい、変化に戸惑うことになるわけですから。

真鍋　骨がない部分をその状態のままにした組立骨格を展示することも、もちろんあります。例えば、首の化石が出ていないなら首の部分は鉄骨だけにして、おそらく首の長さはこのくらいだろうなという位置に頭骨をつけておくわけです。「見つかっているのはここですよ」というのを額面通り示す展示になりますし、実際に、過去にもそのような展示をしています。

　ただ、そうしてしまうと、特に全身がつながって見つかるというものが少ない大きなものは、スカスカに見えてしまうんです。それでは大きさのインパクトだとか、全体像が見えにくい。それはそれで、正しい恐竜の姿を伝えていないことになるんじゃないか、だったら全身骨格の形で復元してこんな姿だっただろうという仮説を見せたい。そういう思いがベースにあるんだと思うんですね。

山田　お気持ちはよくわかります。ただ、スピノサウルスにしても、新しい化石がひとつ出ただけでまた二足歩行に戻る可能性があるわけですよね。**そのたびに全身骨格模型を作り直すのは博物館の負担も大きすぎるんじゃないか**と、余計な心配をしてしまいます（笑）。

真鍋　「恐竜博２０１６」では、全身骨格の前のパネルに「この骨格標本はここで見つかったこの化石を参考に作りました」というような説明もちゃんとつけていたんですけれど、やはり全身骨格の印象のほうが強く残りますよね。

山田　見る側の僕たちも、全身骨格を見て「わー、すごい」と感心するだけではなく、どんな化石からどう組み上げたのかという解説までちゃんと読むべきですね。その上で、自分ならこう組み上げる、みたいな想像を巡らせてみるのも楽しいかもしれません。

水から出されたブラキオサウルス

山田　ところで、スピノサウルスは水中を生活の場にしていた珍しい恐竜と言われますが、だったらブラキオサウルスは？

僕らが子どもの頃は、ブラキオサウルスやブロントサウルスは体が大きすぎて自分の体重が支えられないから、水の中で暮らしていると習いましたよ。復元画でも、たいていは沼から首だけ出して岸辺の木の葉を食べていましたが。

真鍋　もうそれは、やらないですね。

山田　え〜!?　ということは、**まさか最近のブラキオサウルスは陸上で暮らしてる？**　一体いつから自分のあしで立てるようになったんですか？

真鍋　逆に今の常識からすると、**一体誰が最初にブラキオサウルスを水の中に入れ込んだのか、そちらのほうが不思議です**（笑）。体が大きいので水の浮力を利用して生活していたんじゃないかという発想、それ自体は面白いんですけれどね。

でも、水中にいて心臓が水面よりも下になるとそれだけ水圧がかかるわけですから、水から首だけ出して呼吸するというのにも無理がある。そういった理由から水の中に浸からなくなって、もう久しいですよ。

ブラキオサウルス
Brachiosaurus
《腕トカゲ》
ジュラ紀後期の竜脚類で、四足歩行・植物食。前あしが長く、肩から腰にかけて斜めになった背中が特徴。

山田　そうでしたか、久しかったですか（笑）。僕らの子どものころの図鑑には、首と尻尾の長い大型の草食恐竜（竜脚類）は、だいたい水に浸かった姿で描かれていましたよね。70年代頃の図鑑を見ても、「（ブラキオサウルスは）水中で、水草や岸辺の植物を食べていました。卵を産むときは、陸に上がりました」ってはっきり書いてありますよ。

真鍋　死骸として発見された恐竜の化石から、それが卵を産みに陸に上がってたなんて、それが本当にわかっていたらすごいですけれどね。

山田　ということは、**かなり妄想が入っていた**ってことですか（笑）。

真鍋　ブラキオサウルスやアパトサウルスのような恐竜は竜脚類と呼ばれるのですが、彼らのあごにはエンピツのような形と大きさの歯が並んでいることが多いんです（128ページ参照）。このような歯では硬い植物や植物繊維を咬みつぶすことができないと考えられました。水の中に生えているような柔らかい植物ならば、食べられたかもしれないと考えられたわけです。

さらに、昔はブラキオサウルスの鼻の穴は頭のてっぺんにあって、シュノーケルのようにそこだけ水の中から出して、呼吸していたように復元されていました。骨だけ見ていると、たしかに鼻の穴はてっぺんに開いているのですが、現在の生体復元では、**鼻の穴は前のほうの、普通の位置にあったらしい**と考えられるようになっています。

山田　鼻の穴も、もうてっぺんにないんですか！　恐竜、恐るべしですね。何がどう変わるのか、油断も隙もありゃしない（笑）。

頭突きをやめたパキケファロサウルス

山田　**いつの間にかキャラや生態が変わっている恐竜**もいますよね。

真鍋　まず有名な話でいうとオビラプトルでしょうね。卵の化石の近くで見つかったので、草食恐竜の卵を食べにきて死んだ肉食恐竜だと思われて、1924年に「オビ（卵）ラプトル（泥棒）」という名前がつけられました。

でも、その後の研究で、その卵は自分たちの卵で、さらに自分の巣の上で卵を温めていたらしいことがわかったんです。1993年以降の変化です。心情的には、じゃあ名前も変えてあげようよと言いたいところですが、そのような理由で学名を変えると分類学に余計な混乱を生じさせてしまいますから、よほどのことがない限り変えられない。**ほぼ永遠に名前は「卵泥棒」のまま**です。

山田　とんだ冤罪（えんざい）ですね。オビラプトルは、見た目もずいぶん変わりましたよね。

オビラプトル
Oviraptor
《卵泥棒》
白亜紀後期の獣脚類。円形のトサカ状の突起と太く短いクチバシが特徴。このクチバシで、ほかの恐竜の卵を割って食べていたと誤解されていた。

真鍋　見た目が変わったといえば、石頭恐竜（堅頭竜）として知られるパキケファロサウルスは分厚いドーム状の頭骨で激しいぶつかり合いをしていたと考えられていましたが、今では頭突きは否定されています。というのも発見されたパキケファロサウルスの化石のほとんどが頭骨ばかりだったのですが、１９９０年代に首の骨が見つかって、**こんな華奢な首では頭突きは無理だということがわかった**からなんです。

それまでは頭突きの際、首の骨が背骨から尻尾までまっすぐ伸びて衝撃を逃がしていたと考えられていたのに、首の骨が見つかってみるとまっすぐになっていなかった。S字の曲線になってしまう。この構造で頭突きし合ったら、首の骨が折れてしまいます。こんな恐竜、頭突きさせちゃだめでしょうと。

山田　そうなんですか！　それ、たった今知りましたよ。**パキケファロサウルスといえば頭突きじゃないですか**。うちの子どもが小さかった頃も、図鑑や絵本には頭突きしている絵が必ず載っていましたからね。よく子どもと「パキケファロサウルスごっこ」と言って、頭突きして遊んだりしてたのに……。びっくりですよ。あの厚い頭骨で首が弱いということ自体、驚きですし。

真鍋　今でも頭突きをさせている図鑑や本は出回っていますよね。日本の出版社

パキケファロサウルス
Pachycephalosaurus
《厚い頭のトカゲ》
白亜紀後期の堅頭竜類。ドーム状の頭骨で頭突きをしたと考えられていたが、現在は頭の立派さを自慢し合っていたとされている。

が出している新しい図鑑にはないと思いますが、翻訳ものだったりすると絵は変えられないですから。そういうのが残っていたりするんです。

山田　**頭突きしないなら、なぜあんなに頭骨がぶ厚かったんですか？**

真鍋　今のところ決定的な説はなくて、相手のおなかあたりに頭を押し当てたのではないかなど、さまざまな意見が出ています。あるアメリカの研究者によると、子どもの頃は平らでだんだん大人になると膨らんでくるみたいだから、頭を見たら大人か子どもか、オスかメスかがわかる、コミュニケーションツールとしての目印だったんじゃないかという説もあります。

山田　大きな頭は、大人の証明ってことですか？

真鍋　ただ、小さくても頭が膨らんでいる化石があるんですよね。僕としては、成長に伴って頭が膨らんでくるとは言えないのではないかと考えているんです。ただし、小さくて頭の膨らんでいる化石は小型種の大人だという可能性もあるので、僕もまだいろいろ調べている最中です。

山田　そうか、小さいほうは別の種だという場合もありますものね。そんなふうに考えていくと、**恐竜に関してはもう毎年チェックしていないとだめ**ということですね。いつ何が変わるかわからない。でも、「これだけは変わらない」という話は本当にないんですか？

真鍋　そうですね。頭骨だけしか見つかっていないと、首から下が出たときに、全然想像と違っていましたというどんでん返しがあるんですが、**始祖鳥をはじめ小型の恐竜は割合に全身が見つかっているケースが多いので、そんなに変わる心配はない**かもしれませんね。

もちろん、始祖鳥を鳥と呼ぶべきか恐竜と呼ぶべきかという境目の問題は人間の都合で変わってしまうかもしれないですけれど、始祖鳥そのものの形、化石自体が変わることはないですから。

山田　そうか、全身の化石が出ていればとりあえず安心、と。でも、さっきのスピノサウルスみたいに、全部とは言わないまでも割合に多くの骨が見つかっているにもかかわらず、**組み立て方を間違ってしまう場合もありますよね。**

真鍋　そうなんですよね。特に前あしは難しいんです。人間もそうなんですが、肩甲骨（けんこうこつ）は肋骨（ろっこつ）の上の筋肉にはりついているだけで、背骨とも肋骨とも骨同士でつながっていないんです。大腿骨（だいたいこつ）の骨だったら、骨盤の穴にぴったりはまるので間違いないと言えるんですが、肩に関しては、「このへんについていただろうな」というように復元をするしかない。

始祖鳥（アルカエオプテリクス）
Archaeopteryx
《古代の翼》
ドイツのジュラ紀後期の地層から発見。翼に指がある、口に歯がある、尾に骨があるなど鳥類以前の恐竜の特徴がある。

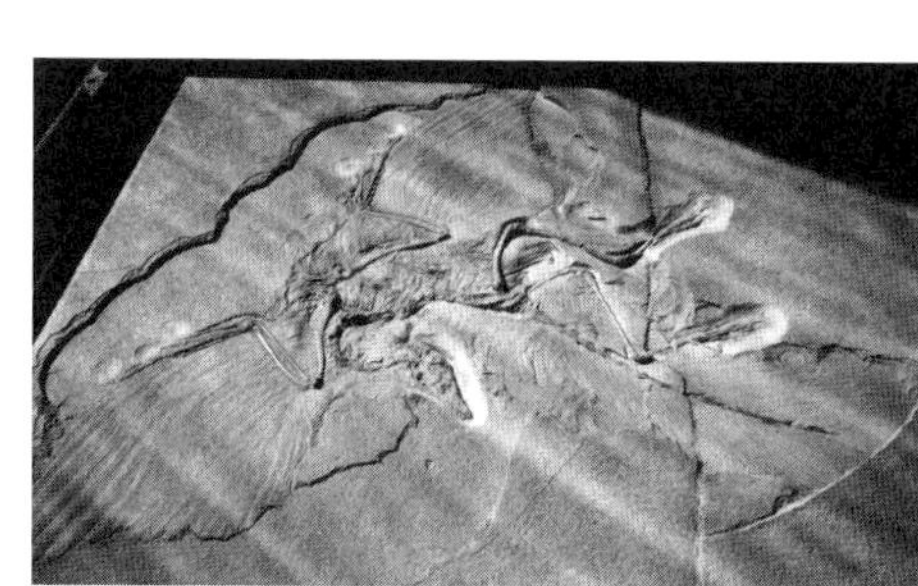
ドイツ・フンボルト大学自然史博物館の標本　写真提供：真鍋 真

だから、古いいいかげんな復元を見ていると、実際よりも下や上に前あしがついているということが、簡単に起こってしまっています。名古屋大学博物館の藤原慎一講師が2018年に発表した研究で、ようやく筋肉などとの相関関係で肩の位置をより正確に復元することができるようになってきたんですよ。

山田　前あしがどうついているかで、かなり見た目が変わってきますものね。いや、しかし、**全身骨格が出ていても安心はできない**くらい変わるとなると、これはもう「今週の恐竜」みたいなお知らせを出してほしい。「今週はティラノサウルスの羽毛がここまで生えました」とか（笑）。

真鍋　新しい説や論文が発表されても、本当にそうなのかというのは、よほど完全な証拠が見つかるまでは確定されません。でも、僕たちはそうやって少しずつ証拠を積み重ねながら、正解に近づいていきたいと思ってコツコツ研究に取り組んでいるので、「ここまでわかった」という変化を一緒に楽しんでいただけると有り難いですね。

ばかでかい＆変すぎる、そこがイイ

山田　ところで、なぜ子どもたちは恐竜に惹かれるのかと言うと、ひとつには「でかい」ってことがありますよね。巨大なものはそれだけで有無を言わせぬ迫力がありますから。

真鍋　でかい、すごい、そういうところはありますね。

山田　ティラノサウルスなんて、歯だけでも十分にでかくて圧倒されちゃう。それに比べると小型恐竜の化石は鳥の骨みたいで、正直、あまり興奮できません。

真鍋　竜脚類のような、あれだけばかでかい骨を見たら、こんなものがいたなんて信じられない、となりますよね。現在の地球上ではあり得ない異常な大きさ、こんな変なやつがいたんだと思わせるすごさ、そういったものが興味を持つひとつの大きなファクターだと思うんですよね。

山田　**見たことのないものへの驚き**というのが、重要なファクターですね。

真鍋　それは文句なしに絶対面白いと思いますよね。人間よりも小さな恐竜もたくさん見つかっていますが、やっぱり子どもたちに人気なのは巨大な恐竜たちですから。

これはちゃんとしたデータがあるわけではないんですけれど、実感として昔は圧倒的に恐竜は男の子の世界だったんですが、今は恐竜好きな女の子も多くなってきました。ただし、男の子は「一番強い恐竜はどれか」「この恐竜とこっちの恐竜が戦ったらどっちが強いか」ということに関心を持つんですけれど、女の子は「どんな暮らし方をしていたのか」「どういうふうに子育てをしていたのか」とか、そういう方面に関心があるみたいですね。

山田　僕らの子ども時代は、「どっちが強いか」だけでしたね。女の子の恐竜ファンが増えたのは、やはり「子育て恐竜」のマイアサウラが出てきた1980年代頃からですか？

真鍋　そうですね、マイアサウラが子育てをしていたという話が広く知られるようになったのも、恐竜ファンを増やした重要な出来事だったと思います。

恐竜を広めた怪獣ブーム

真鍋　山田さんは最初に恐竜を知ったときの記憶って、ありますか？

山田　僕は1958年生まれですから、物心ついたときにはすでにゴジラが流行(はや)っていて、**恐竜と怪獣の記憶がごっちゃになりがち。**当時の親の教育的配慮とし

マイアサウラ
Maiasaura
《よい母親トカゲ》
白亜紀後期の鳥脚類。巣や卵、幼体を含む集団化石が発見され、親が巣の子どもにエサを運んでいたらしいことがわかった。

全長約9m

てはゴジラより恐竜の情報を先に与えたはずですが、何が最初だったかは覚えていません。

小学校低学年の頃、ウルトラマンの企画にも関わった大伴昌司(おおともしょうじ)さんという天才編集者が**『週刊少年マガジン』の巻頭で連載していた「カラー大図解」**に夢中になりましたが、そこでも恐竜は怪獣や宇宙人や雪男と同じ「ワクワクする未知の存在」として紹介されていて、これがいまだに僕の恐竜観の根底にありますね。

動く恐竜を最初に見たのは、**1967年に日本公開された映画『恐竜100万年』**。恐竜と人間が同じ時代に暮らす〝トンデモ映画〟でしたが、アロサウルス対トリケラトプスとか、恐竜の動きに関しては僕ら世代が持つイメージに結構、大きな影響を与えました。もっとも、それ以上に大きな刷り込みは、原始人役を演じたセクシー女優ラクエル・ウェルチのワイルドなズタボロ革ビキニ姿でしたけれどね(笑)。

真鍋　ははは。そういえば、子どもが最初に出会う恐竜って、絵本や図鑑だったり、映画だったり、生きた姿の恐竜じゃないですか。でも、本物の恐竜を見に博物館に行くと全部骨格標本ですよね。だから、せっかく連れて来たのに、あんなに「恐竜が見たい」と言っていた子が、骨が怖くて泣いてしまって展示室に入れなかったというような話をときどき聞くんですよ。幸いにして、慣れてくると怖くないどころか**むしろ骨が面白い、骨になりたい**というくらい好きになってくれるみたいなので、問題ないのですけれど。

山田さんは初めてあの巨大な骨を見たとき、どうでした？

山田　僕は子どもの頃から有機物より無機物、肉より骨が好きでしたから。構造や仕組みを見るのが好きなんですよ。だから恐竜の巨大な骨を見たときはすごくうれしかった。

真鍋　僕は全然記憶がないんですよ。1959年生まれで、山田さん同様**ウルトラマンやウルトラQシリーズ**をリアルタイムで見ていた世代ですから、当時の男の子の例に漏れず、怪獣は好きでした。ただ、どこまで怪獣と恐竜の区別がついていたかは怪しい（笑）。その年代の子どもとして普通に好きだったという程度だから、「子どもの頃から恐竜が大好きで、夢を叶えて恐竜学者になったんですね」と言われると返答に詰まります。

ただ、同級生の妹さんが、当時小学生だった僕とお兄ちゃんが「恐竜の色はわかるのか」というテーマで熱く語り合っているシーンを覚えてくださっていて、「真鍋さんは絶対小学生の頃から恐竜がお好きでしたよ」と言ってくださるので、やっぱり恐竜は好きだったんだということにしています。僕自身はそんな議論をしたことは全然覚えていないんですけれど（笑）。

山田　今でこそ**怪獣は日本が世界に誇る文化**と言われていますが、1960年代当時にはマンガと同じで子どもの教育上、好ましくない存在として叩かれましたよね。でも、あの怪獣ブームがあったからこそ、恐竜への興味も高まり、図鑑や展覧会も増えたのではないでしょうか。その結果、真鍋さんのように恐竜がご専門の研究者も生まれたわけですし、僕ら一般人の恐竜に関する知識の平均レベルも世界的に見ればかなり高くなったのではないかと思うのですが。

真鍋　そうですよね。日本人だったら、ティラノサウルスを知らない人はほとんどいないと思いますし、ブラキオサウルスのような尻尾と首の長い巨大な草食恐竜がいたこともたいていの人が知っています。

でも、アメリカ留学時代、文系大学院生のアメリカ人の女の子と話していて驚いたのは、「ベジタリアンの恐竜がいたのを初めて知って、恐竜に親近感を覚えました」と言われたこと。それも一人じゃない、そういうアメリカ人の女の子って結構いるんです。

山田　ベジタリアンって、草食のことですよね。

真鍋　もちろんそうです。「恐竜には戦っている肉食恐竜のイメージしかなくて、全く関心がなかった」「草食恐竜がいるなんて全然知らなかった」みたいな話をされるんですよ。日本だったら、どんなに関心のない女の子でも、そこから話は始まらないだろうなと思ってびっくりしました。

山田　もしかしてそのアメリカの女の子たちは、ベジタリアンの恐竜は優しくて戦わない、みたいなイメージを持っていたりしませんか？

真鍋　そうですね。

山田　ステゴサウルスのような剣竜やトリケラトプスみたいな角竜、アンキロサウルスのような鎧竜（よろいりゅう）もベジタリアンですが、**あいつら、戦う気まんまんの武装をしてますけどね**（笑）。アメリカの文科系女子は、まだそこまでは知らないと。やっぱり怪獣文化のあるなしの違いは大きいのではないでしょうか。

真鍋　幕張メッセで開催するような大掛かりな恐竜展が開かれるようになったのは１９９０年以降の現象なんですけれど、昔はよくデパートの上のほうの階で、ミニ怪獣展とか恐竜展をやっていましたよね。

山田　そうなんですよ。僕はデパートで行われていた展覧会というやつもまた、日本固有の草の根文化として大きな役割を果たしていたと思うんです。場所も予

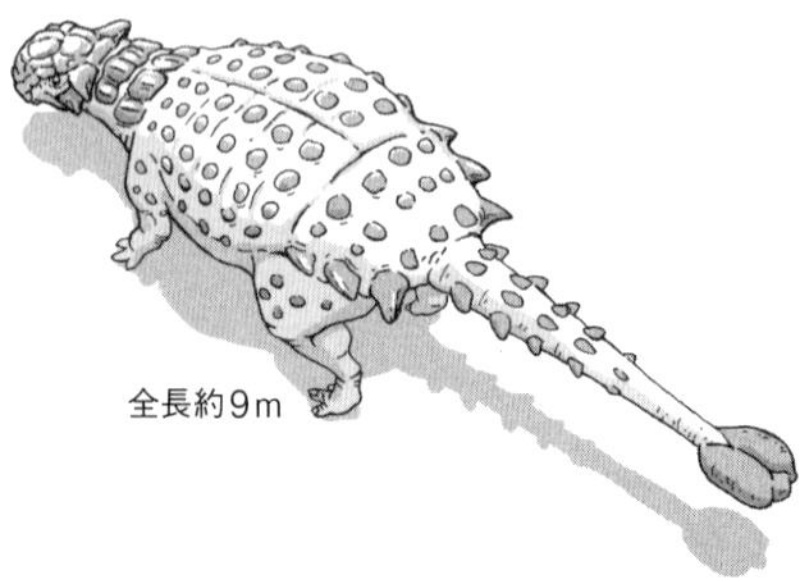

アンキロサウルス
Ankylosaurus
《連結したトカゲ》
白亜紀後期最大級の鎧竜類。板状の堅い骨で覆われ、尾の先にハンマーのような骨塊がある。

全長約9m

算も限られていますから、そんなに大規模な展示はできませんが、そこで興味を持った人が、「次は科博や西洋美術館に行こう」となりますから。

真鍋　当然デパートですから展覧会から出てくると、ミュージアムショップというか土産物屋があって、恐竜図鑑やビニール製のフィギュアを売っていたりしますよね。そこでお土産を買ってもらって帰ってくる。それはたぶん、外国の子は経験したことのない文化だと思うんですよ。海外では恐竜展を開催するのは博物館の仕事だし、それほど大規模にはやれません。**商業的に大規模な恐竜展を開催するのも、日本独特の現象**ですね。

山田　恐竜に関しては、日本は恵まれた環境にあるってことですね。

四足歩行と二足歩行、どっちが好き？

山田　ところで真鍋さんは、四足歩行の恐竜と二足歩行の恐竜とでは、どちらがお好きでしたか？

真鍋　僕はなんとなくですが、二足歩行の肉食恐竜のほうが強そうで好きでした。二足歩行の恐竜には草食もいますけれど、断然肉食恐竜です。山田さんは？

山田　僕ら世代の男子は普通、そうでしたよね。ところが僕は四足歩行の草食恐

ステゴサウルス
Stegosaurus
《屋根トカゲ》
ジュラ紀後期最大級の剣竜類。背中に最大60㎝にもなる骨の板があり、尾にとげを持つ。

竜派で、何にそんなに惹かれたのかわかりませんが、子どものころはステゴサウルスが好きでたまりませんでした。

真鍋　今もステゴサウルスには根強いファンがいますからね。

山田　僕はプラモデルは戦闘機派で、生き物系のプラモデルは嫌いだったんですが、ステゴサウルスだけは例外で、何体か作った記憶があります。

真鍋　そういえば、ステゴサウルスってメカっぽい感じがしますね。背中に板が並んでいて、尻尾にスパイクと呼ばれるとげがあって。

山田　そこなんですよ！　トリケラトプスなんかも、表面が硬そうでメカっぽいでしょ？　首のフリルだの角だののとげだの、無駄な装飾が多いところもいい。**角竜、剣竜、鎧竜と、硬そうな名前のやつはみんな草食の四足歩行**です。

真鍋　形の面白さで言えばそうですよね。

山田　でも当時はゴジラ人気もあって、圧倒的に二足歩行型が主流。ティラノサウルスとトリケラトプスの戦いでも、勝つのはいつも前者でした。

真鍋　今でも戦わせるのが好きな子どももたくさんいると思うんですけど、僕も喧嘩したら絶対勝てそうな感じ、強いて言えばヒーロー的な憧れで、肉食恐竜を見ていましたね。

トリケラトプス
Triceratops
《3本の角のある顔》
白亜紀後期に栄えた最大級の角竜。大きく発達したえり飾りと両目の上の大きな角が特徴。
全長約6～9m

山田　僕が四足歩行の草食恐竜が好きだったのも、強そうだと思ったからです。だって、あいつら、戦車っぽいじゃないですか。

真鍋　全身を硬いウロコで覆った鎧竜なんて、まさに戦車っぽいイメージの恐竜ですからね。

山田　実は僕、いい歳していまだに二足歩行の肉食恐竜のほうが強いという説に納得しきれていないんですよ。ティラノサウルスなんて、口がでかくて歯とあごが強いだけで、前あしは使い物にならないし、頭が重くて不安定そうじゃないですか。トリケラトプスが安定の四足歩行で体当たりしたら簡単に転んでしまい、なかなか起き上がれないのではないでしょうか。そうなれば角で刺し放題ですよ。

なんて話を、子どもの頃にさんざんしたものですが、**実際はどちらが強かったのでしょうか？**

真鍋　食った食われたという関係で言えば、ティラノサウルスはトリケラトプスを食べたい、おなかが空くというニーズがあるから攻撃をするわけですけれど、その先どういう戦い方をしたか、どういう技を使ったのか、どのくらいの勝率だったのかというのは、今も全くわかっていません。

これも化石1個しか見つかっていないんですけれど、**ティラノサウルスがある**

トリケラトプスのフリルのところを咬んで、後ろから角に咬みついて折ったという痕跡が残っているものがあるんです。トリケラトプスといえばあの角です。正面からいったら突き刺されてしまうし、やはり斜め後ろから咬みついて角をかわしただろうなということは想像に難くない。

おそらくフリルを咬んでパキッと割ったんだと思いますが、フリルの折れ口が自然治癒している。そのまま死んでいたら折れたままですが、骨が再生しているということは数ヶ月は生き延びたわけです。

ということは、このトリケラトプスはうまく攻撃をかわしてそのまま餌食にはならずに、数ヶ月生き延びたんだとわかります。逆に言うと、ティラノサウルスはこのとき狩りに失敗しているわけです。常にティラノサウルスが勝っていたというわけでないことは確かですが、かといってそんなにしょっちゅう失敗していたら食いっぱぐれて死んでしまいますから、そんなに失敗していたわけでもないでしょう。

山田　ティラノサウルスのほうが敏捷だったのも、トリケラトプスが後ろからの攻撃に弱そうなのも確かですが……。でも、ティラノサウルスがトリケラトプスに腹を刺されて死んでも、化石にはその跡は残りませんからね。実際は結構、やられてたんじゃないですか。って、なんでそんなにトリケラトプスの肩を持つのかわかりませんが（笑）。

真鍋　では、そろそろ雑談はこのくらいにして、次はそもそもの恐竜研究の歴史から話を始めましょうか。

山田　まだまだうかがいたいことが山ほどあるんですよ。恐竜談義、話は尽きませんね。

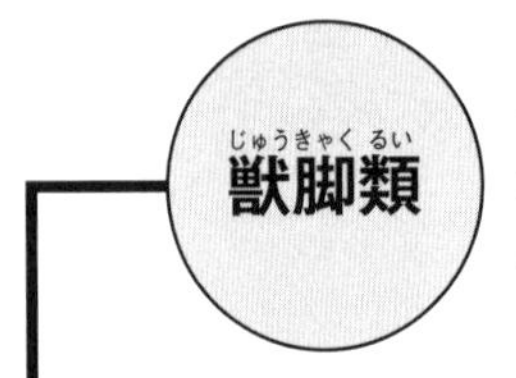

ティラノサウルスのように鋭い歯を持つ、
二足歩行の肉食恐竜。鳥類に進化したのも、
このグループ。

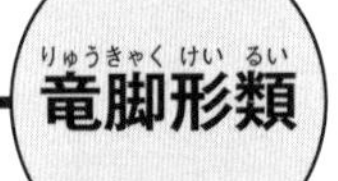

アパトサウルスのように頭が小さく、
首と尻尾が長い四足歩行の草食恐竜。
ジュラ紀には汎世界的に、
白亜紀には南半球で特に繁栄した。

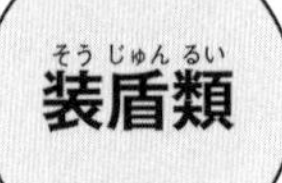

ステゴサウルスのように背中に
板をつけた「剣竜類」と、
アンキロサウルスのように
体に鎧をまとった「鎧竜類」の草食恐竜。
剣竜類は主にジュラ紀、
鎧竜類は主に白亜紀に繁栄した。

鳥脚類（ちょうきゃくるい）

イグアノドンやマイアサウラのような
二足歩行の草食恐竜。草食恐竜で
二足歩行を続けたことは珍しいが、
白亜紀後期のハドロサウルス類の中には、
大型化に伴って四足歩行になったものもいた。

周飾頭類（しゅうしょくとうるい）

トリケラトプスのように首のフリルと角が特徴的な
「角竜類」と、パキケファロサウルスのような「堅頭
竜類」の恐竜。角竜はほとんどが
四足歩行、堅頭竜類は二足歩行の
恐竜。堅頭竜類の化石は白亜紀から
しか発見されていないが、ジュラ紀に
出現していたはず。

コラム1

【恐竜の分類】

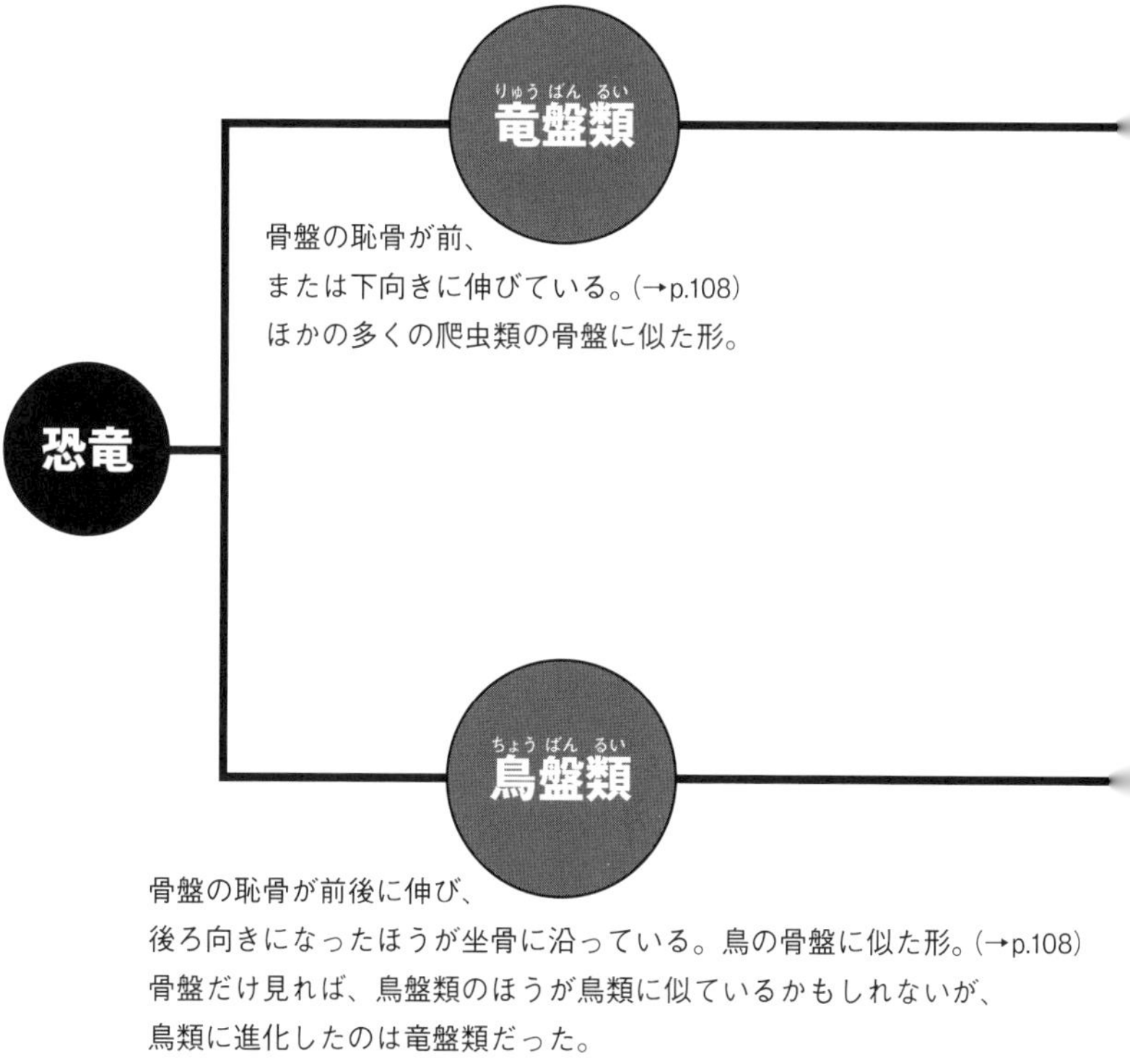

恐竜

竜盤類

骨盤の恥骨が前、
または下向きに伸びている。(→p.108)
ほかの多くの爬虫類の骨盤に似た形。

鳥盤類

骨盤の恥骨が前後に伸び、
後ろ向きになったほうが坐骨に沿っている。鳥の骨盤に似た形。(→p.108)
骨盤だけ見れば、鳥盤類のほうが鳥類に似ているかもしれないが、
鳥類に進化したのは竜盤類だった。

恐竜は大きく2つのグループに分けることができます。
爬虫類型の骨盤を持っているグループを「竜盤類」、
鳥類型の骨盤を持っているグループを「鳥盤類」と呼びます。
「竜盤類」はさらに2つのグループに、
「鳥盤類」はさらに3つのグループに分けることができます。

講義1時限目

恐竜発見！

撮影協力：国立科学博物館

恐竜研究の歴史

イグアノドンの発見

山田　恐竜の存在って、どのくらい昔から知られていたんですか？

真鍋　**「恐竜」という名前がついたのは1842年。名づけ親になったのは、イギリスの古生物学者リチャード・オーウェンです。**

山田　オーウェン！　ダーウィンの「進化論」に強烈に反論した人ですよね。

真鍋　そうです、そのオーウェンです。実は彼は恐竜の存在に関しても、最初は否定的だったんです。

　初期の恐竜として有名なのはイグアノドンですが、恐竜研究の歴史上、一番最初に発表された恐竜の化石は、1824年にイギリスの地質学者ウィリアム・バックランドが報告した「メガロサウルス（大きなトカゲ）」です。ただ、まだ恐竜の存在が知られていなかったので、大昔に絶滅した大型の爬虫類の化石として発表されました。その翌年、イギリスの町医者で化石の収集家でもあったギデオン・マンテルという人が、それより3年前に発見した大きな歯の化石を「イグアノド

イグアノドン
Iguanodon
《イグアナの歯》
白亜紀前期にヨーロッパで栄えた鳥脚類。トカゲのイグアナに似た形の歯を下あごに持つことと、鋭く尖った前あしの親指が特徴。

ン」と命名して公表します。

本当にそうだったのか裏は取れていないんですが、発見エピソードとして語られているのは、マンテル先生の往診に同行した妻が、診察中に辺りを散歩していて見つけたという逸話です。当時のイギリスではちょうど舗装道路が作られ始めた頃で、マンテル先生の住む田舎町でも道路工事が始まっていた。そのため道端に舗装用の石が積み上げられていたんです。白っぽい石の山の中に黒光りする化石を見つけた妻は、「化石好きな夫に見せてあげよう」とそれを持ち帰りました。

山田　いい話ですね。もちろんマンテル先生は大喜びしたでしょう。

真鍋　でしょうね。ただ、それが歯の化石だというところまではわかったものの、何の歯かはわからない。いろいろ調べていたら、イグアナというトカゲの歯に似ているらしいということにまではたどり着きました。

でも、イグアナの歯は大きくてもせいぜい5㎜ぐらい。しかし、その化石の歯は3〜4㎝あった。そこで、大昔こんなにばかでかい爬虫類がいたと主張するんです。でも、ダーウィンの「進化論」が発表されたのが1859年（『種の起源』）ですから、その当時はまだ進化の概念すらない。

しかも、その頃、学会のトップにいたフランスのキュビエなどの博物学者は、

メガロサウルス
Megalosaurus
《大きなトカゲ》
1824年に最初に名づけられた恐竜として有名だが、獣脚類の中の系統関係は長い間不明だった。近年、スピノサウルス類に近縁である可能性が高いとされている。

全長約7〜10m

「体が大きくなるというのはひとつの能力」だと考えていて、高等な哺乳類は大きくなれるけれども、地面を這いずりまわっている下等な爬虫類がそんなに大きくなれるはずがない。君は爬虫類だと主張しているけれど、そんなに歯が大きいならそれは哺乳類だろう、と決めつけられてしまうんです。

でも、マンテル先生は納得できない。**1825年にイグアノドンという名前をつけて、「イグアナの大きいやつがいた」という主張を発表**し、諦めなかったんです。

そのうちに巨大爬虫類の化石が相次いで発見され、少しずつ大型爬虫類がいた証拠が集まってくると、オーウェンも無視できなくなった。そこで1842年にようやく太古の地球に巨大な爬虫類がいたことを認め、**「ダイノ（恐ろしい）サウルス（トカゲ）＝恐竜」と命名**したんです。そして、恐竜は「かつて陸上に栄えていた大きな爬虫類であり、足をまっすぐ伸ばして歩く生き物である」と定義されるようになっていきました。

その後、1859年にダーウィンが「進化」という概念を打ち出し、恐竜を含めた生物進化の研究が本格的に始まっていくんですよ。

山田　意外でした。恐竜研究の歴史って、それほど古くないんですね。化石収集を趣味にする人はもっと昔からいましたから、恐竜の化石も出ていたのではないかと思うのですが。「竜の骨」とか、そういう**神話的な遺物扱い**で済まされちゃってたのかな。

真鍋　そうですね。大きな化石が出ても研究対象にはならず、「これはドラゴンの骨だ」「これは巨人の生殖器だ」というようにコレクションの対象として扱われていたんです。今の人だったらそんなわけないでしょうと、すぐに否定するでしょうけれど、当時は進化という概念もありませんからね。神話的な要素も混ざり合って、説明のできない事柄に関しては、想像の世界、伝説の世界に着地点を見つけて一応の説明をしていたんです。

山田　そういう意味では、**産業革命が進んでいたイギリスで、道路工事で出た化石から近代的な古生物学が始まった**というのは、象徴的な話ですね。

真鍋　ただ1820年代はまだ、化石の発見は商業ベースのもの、趣味の範囲の出来事で、自然に関する学問として興味を持っていたのは、一部の有識者に限られていたんですよ。

恐竜ではありませんが、魚竜や首長竜の化石の発見も、イギリスの南海岸で化石を探して観光客に売っていたメアリー・アニングという当時10代の女の子です。

父親を亡くし、化石を売って生計を立てていたわけですが、その子は化石を見つけるのが上手だった。そして勇気もあった。大人でも怖くて近寄らない海岸線の崖のところで、化石をどんどん見つけてきたんです。そして世界で初めての魚竜や首長竜の全身の化石の発見者となった。

もちろん、見つかった当初はそれが何なのかはわかりません。ロンドンから来た知識人がそれを買い上げて研究を始め、首長竜みたいな生き物がいたということに気がついていくわけです。つまり、商業的に化石と出会う、購入するといったことから研究が始まり、それがどんどん論文として発表されて学者の間で情報が共有されるようになり、やがて多くの人々が知ることになったというわけです。

進化論を後押しした「始祖鳥」

真鍋 ダーウィンが『種の起源』を出版したのは1859年ですが、実はダーウィンがガラパゴス諸島を調査して「生物は進化する」という着想を得たのは、それより23年も前、1831年から6年間かけて行った南半球への航海です。そのときの様子は『ビーグル号航海記』という本にまとめられて出版されていますが、その中ではまだ進化の話はしていません。

生物の姿が異なっているのは「神の御業（みわざ）」だと信じられていた時代、生物の進化は自然淘汰や自然選択によって起きると主張しても、とうてい受け入れてもらえない。誰も信じてくれないのがわかっていたからです。

山田　23年も待った『種の起源』の出版に踏み切ったきっかけは？

真鍋　進化を説明するための事例が集まってきたことがひとつです。動物や植物の品種改良をしている人たちは当時もたくさんいて、例えばハトの品種改良は、人間が適切だと思うオスとメスを掛け合わせることによって子どもを生ませ、その中から一定の割合で変わった形の翼を持っていたり、尾が長くなったりする新しい品種が出てくる。**その掛け合わせを自然が行っているのだと考えれば、進化というものが説明できる**ということに長年の研究でたどり着きました。

さらにアルフレッド・ラッセル・ウォレスという研究者が同じような考えを持っていることを知って、『種の起源』を書くことを決めました。

山田　そういえば『種の起源』には「ナチュラル（自然）セレクション（選択）というやり方による」という副題がついていましたね。

真鍋　そうです。進化という現象は「自然が人為選択と同じことをしている」ため起こるのだということを、副題にも明記しているんです。

さらに、ダーウィンの進化論を後押しする重要な物的証拠となったのが、爬虫類から鳥への進化を示す始祖鳥の発見です。始祖鳥の最初の化石は羽毛1枚だけだったのですが、それは1861年に発見されました。その後、すぐに全身骨格の化石も見つかっています。翼があって羽根が生えているのを見ればそれは鳥類、けれどもクチバシではなくて歯がある、尻尾は尾羽ではなく骨でできている、それは爬虫類の特徴です。

ダーウィン自身はミッシングリンクという言葉を使っていませんが、始祖鳥は爬虫類から鳥へ進化したことを示すものとして、ダーウィンの主張を後押ししました。

ただ、**始祖鳥がそのまま鳥になっていったという説は、今は否定されています。**鳥になっていく進化の枝分かれのひとつに始祖鳥はいて、現代の鳥類は始祖鳥の直接の子孫ではありません。

山田　『種の起源』の副題には、「生存競争」が進化を促す旨も書かれていますよね。

真鍋　結局のところ、進化論の先駆者となったダーウィンは、生存競争の中で一番環境に合ったものが選ばれて残っていくことを示しました。

産業革命が恐竜の発見を促した

山田　分類できるほど多くの種類の恐竜が知られるようになったのは、いつ頃からなんですか？

真鍋　**恐竜の分類が始まったのは1887年**です。イギリスのハリー・シーリーという人が、オーウェンは恐竜をひとつの仲間だと考えていたけれど、実は**骨盤の形に特徴のあるふたつの大きなグループに分けられる**んじゃないか、ということに気がついたんです（108ページ参照）。その分類は、現代でも継承されています。

山田　恐竜研究って、始まったのは思ったより遅かったけれど、始まってからの進展は結構、早かったんですね。

真鍋　そうですね。19世紀末、1800年代も終わり頃になると世界各地で発掘が進んで、恐竜の種類がどんどん増えていきます。

この時代の恐竜研究を牽引したのはアメリカなんですが、**オスニエル・マーシュとエドワード・コープという二人のアメリカ人古生物学者が、激しく結果を競い合って「発掘競争」を起こしています。**相手の化石を壊してしまったり、発掘地を巡って発砲事件を起こすほどの争いだったようです。

二人が発掘した恐竜は130種を超え、トリケラトプス、ステゴサウルス、ディプロドクスといった有名な恐竜の多くも、彼らの手によるものです。次々に新種の恐竜が発見され、こんなに大きな恐竜がいた、こんなに変な姿の恐竜がいたということがわかってきて、恐竜研究はますます盛り上がりをみせていくんですよ。

山田　化石自体の存在は古くから知られていたのに、19世紀になって急に脚光を浴び、古生物学が盛んになっていく背景には、何か理由があったのですか？

真鍋　地質学という学問が重要視されるようになったことが大きいと思います。それまでは化石というのは大昔の何かが石に化けたもの、それはわかっていました。ただ、この「変なもの」をどう説明していいかはわからない。けれど、珍しいものではある。そこで金持ちが趣味で集めて自慢げに見せたり、見世物になったりするような形で紹介されていたんですね。

ところが、**1810年代ぐらいになって資源探査のために地質を理解する必要が生じてきた。**地質学が盛んになっていくと、その延長線上で化石も学問の対象になってきたということでしょう。

山田　やっぱり、産業革命の影響ですよ。産業革命が起きて資源が必要になった

ディプロドクス
Diplodocus
《二重の梁を持つもの》
ジュラ紀後期の大型竜脚類で、ほかの竜脚類よりも尾が長く、ほっそりした体つき。セイスモサウルスもディプロドクス属に分類されるべきという意見があり、もしそうならば全長は30m以上あったかもしれない。

ために、地質学が発展し、石炭など化石燃料を採掘する過程で化石が発見されるようにもなった。一方、マンテル先生の奥さんが工事現場でイグアノドンの化石を発見したように、産業革命の結果としてビルや舗装路が作られ、あちこちで穴が掘られたり石材が切り出されたりするようになったため、化石が見つかる機会がさらに増えたんですよ。

真鍋　そうですね。

山田　しかも産業革命で蒸気機関や内燃機関が誕生していますから、資源の採掘も建築工事も、それまでとは規模が違う。出てくる化石の量も、ケタ違いに増えたと思うんですよ。**恐竜という太古の生物の研究が、近代の産業革命によって進んだ**というのも、とても興味深い話だと思います。

恐竜研究のエポックメイキング
子育て恐竜と羽毛恐竜

山田　ティラノサウルスの発見も19世紀の終わり頃ですか？

真鍋　**ティラノサウルスが発表されたのは1905年**、20世紀のはじめです。その後、1920年代にゴビ砂漠で数多くのプロトケラトプスと恐竜の卵が発見され、**恐竜は卵から生まれるというのがわかった。**これも20世紀前半の大きな話題だったんですよ。

山田　でも、その後はあまり大きな変化はなかったんじゃないですか？　僕らの子ども時代にはまだ、ティラノサウルスは尻尾を引きずって直立して歩いていましたし、巨大で恐ろしい恐竜たちが太古の地球をのそのそ歩いているイメージのままでした。そんな昔ながらの恐竜像が変わるターニング・ポイントはいつだったんですか？

真鍋　まずは1969年にアメリカの古生物学者ジョン・オストロムが発表したデイノニクスについての研究でしょうね。それまで恐竜は大きくてのろのろ動く鈍重なイメージでしたが、この**オストロムの発表で恐竜の中にはすばやく活発に動くものもいることが明らかに**なりました。さらに、このような**恐竜から鳥が進化してきた**と考えられるようになりました。それで恐竜のイメージががらりと変わりましたね。

さらに1979年にマイアサウラの研究が発表され、**この恐竜が産みっぱなしの爬虫類とは違って子育てをしていた**ことが明らかにされた。マイアサウラというのは「よい母親トカゲ」という意味の名前です。

プロトケラトプス
Protoceratops
《最初の角を持った顔》
白亜紀後期に生息。角はほとんど目立たないが角竜の仲間。群れで暮らしたと考えられる。全長約２m。

デイノニクス
Deinonychus
《恐ろしい爪》
白亜紀前期の獣脚類で、後ろあしの第2趾に大きなカギツメを持つ。脳が大きく、群れで獲物を襲ったとされる。

全長約3.4m

　このような新しい恐竜像によって、**恐竜は鳥や哺乳類のような温血（恒温）動物だったのではないか**と考える研究者が増えていったように思います。

山田　最近の恐竜研究を方向づけたのは、やっぱり「羽毛恐竜」の発見ですよね？

真鍋　そうですね。**1996年に中国・遼寧（りょうねい）省でシノサウロプテリクス（当初の中国語名「中華竜鳥」）が見つかったのは、恐竜研究の歴史を変える非常に大きな出来事**でした（176ページ参照）。

　最初は僕も、羽毛ではなく、変わった形のウロコだろうぐらいに軽く考えていたのですが、その後も続々と中国から「羽毛恐竜」が発見されるようになって、もはや恐竜に羽毛が生えていたことは決定的になりました。今では**ティラノサウルスなど獣脚類の仲間から鳥に進化していくものが現れた**というシナリオは、揺るぎないものになっています。現世の鳥と比較することで生態学的な研究もずいぶん進歩してきましたね。

　また、「羽毛恐竜」が発見されたことで、中国政府が本腰を入れて大掛かりな採掘場を整備するようになったのも、恐竜研究が加速度的に進むようになった大きな要因だと思います。もともと中国には化石の出やすい良質な地層が多いのですが、そこに重機を入れてさらにがんがん掘っていますから、そんなこともあっ

「羽毛恐竜」
化石に羽毛の痕跡のある恐竜。通称なので本書では括弧書きの「羽毛恐竜」とした。1990年代以降、中国の東北部の遼寧省から多数見つかっている。当初は白亜紀前期の地層から多く発見されていたが、現在ではジュラ紀中期もしくは後期の地層からも見つかっている。

て新しい化石が続々と発見されているんです。

珍説「恐竜人間」

山田　「羽毛恐竜」が発見された90年代以降、遺伝子などの研究も進歩して、さまざまな研究手法が利用できるようになったことも、恐竜の姿が加速度的に変わっていった大きな要因でしょうね。そういう意味では、昔のように想像力に任せた突拍子もない説が出にくくなって、少し寂しい気もしますけど(笑)。

真鍋　そういえば、まだ「恐竜は鳥になった」という説が十分に普及していなかった頃の話ですが、1982年にカナダの国立博物館に勤めていたデイル・ラッセルという研究者が、「もし恐竜が絶滅せずに現代に生き残っていたら」という仮説を発表したんですよ。

ラッセルは、「おそらく脳が大きくなっていくだろう」「脳が大きくなれば頭を前に突き出した姿勢ではなく、ヒトのような直立歩行的なスタイルになっていくだろう」「脳が大きくなれば左目と右目で立体視できるように目が前に向くだろう」「尻尾も退化するんじゃないか」と考えを巡らせていったんです。

結果的に、当時はまだ恐竜といえばウロコ姿ですから、**宇宙人のようにも見え**

る**「恐竜人間（ディノサウロイド）」がお目見えして話題になった**ことがありました。
もちろん今だったら、ウロコでなく羽毛を生やすはずです。「恐竜は絶滅しなかった、鳥になって生き残った」というのが定説化した現代では、「恐竜がそのまま絶滅しなかったらどうなっていたのか」という昔の人の疑問に対する回答は「鳥を見ればわかる」ということで、想像する余地がありません。正しいかどうかは別にして、今後もラッセルのような自由な発想が生まれ続ける学問であってほしいですね。

恐竜研究「やっちまった！」

山田　少ない手がかりから仮説を立てざるをえないとなると、当然、見込み違いや間違いも起きますよね。恐竜研究の歴史の中で、一番の大ポカというか、「やっちまった」ことってなんですか？

真鍋　比較的最近の研究で**「大発見だと思ったら大間違いだった」**という例は、「始祖鳥以前、三畳紀にすでに鳥が生まれていた」と主張したテキサス工科大学の古生物学者シャンカール・チャタジーの発表でしょうか。１９８０年代後半に注目されました。

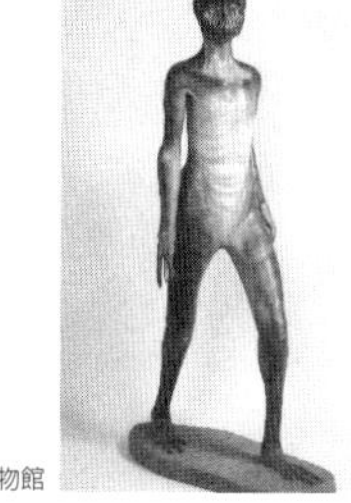

写真提供：群馬県立自然史博物館

恐竜人間（ディノサウロイド）
Dinosauroid
「知能が高かった」とされるトロオドン（当時はステノニコサウルス）をモデルに提唱された。写真は、ラッセル監修、ロン・セガン製作の想像模型。オタワのカナダ国立自然博物館収蔵。

恐竜は三畳紀に誕生し、ジュラ紀に鳥になっていくわけですが（87ページ参照）、アメリカの三畳紀の地層からものすごく鳥に似たものが見つかった、と言うんです。その化石はプロトエイビス（プロト＝原型＋エイビス＝鳥）と名づけられました。その根拠のひとつは、V字型の鎖骨（叉骨）なんですね。人間の鎖骨は左右にひとつずつありますが、それが鳥になると真ん中で融合して1本の叉骨になっていく。この骨が羽ばたくときのバネとして、翼の上げ下げをする筋肉を補佐していると考えられています。叉骨は始祖鳥にもあって、それが始祖鳥を鳥に分類したひとつの証拠にもなっています。その骨が、三畳紀の化石から見つかったというわけです。

この発表は確か１９８０年代後半のことで、ちょうど僕もアメリカの学会でその発表を聞いていたので特に印象に残っているんです。学会発表は15分と決まっているのに、チャタジーさんは「これこそ最初の鳥だ！」という大発見に興奮してしまって、話が全然終わらない。司会の先生が「もう時間です、あなたはもう30分しゃべってますよ」と促しても、「こんな重要な発表をしているのに邪魔するな」と言って止まらないんです（笑）。

残念ながら、どうもそれは**尻尾の下側に並んでいるV字型の骨、血道弓（けつどうきゅう）と言う**

V字型の叉骨

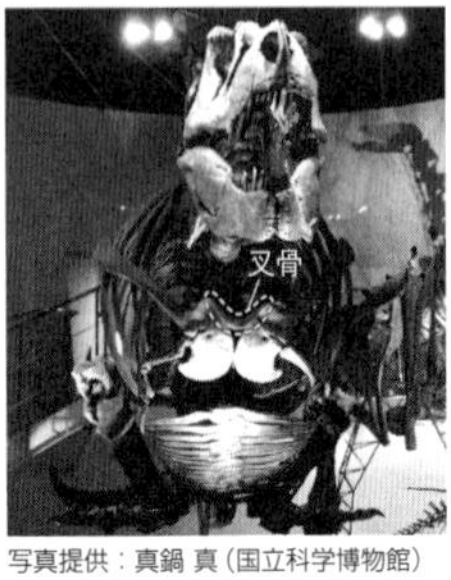

叉骨

写真提供：真鍋 真（国立科学博物館）

んですけれど、それを胸についていた骨だと思い込んでしまったみたいなんですね。化石はクリーニング作業をして石の中から削り出してしまうと、「ここにあった」という元の情報が失われてしまいますから、プロトエイビスはもしかすると、2種類ぐらいの別の恐竜の骨が混ざってしまったんじゃないかという可能性もあります。

山田　まさに「やっちまった」ってやつですね。

真鍋　大発見として当時すごく注目されただけに、「やっちゃった」という印象が強いのかもしれませんね。ただ、プロトエイビスの骨格の各所に見られる特徴は、鳥類的な部分があります。さらによい化石が見つかれば、プロトエイビスが再評価されるかもしれません。

要するに化石を見て、「これにはこういう意味があるんじゃないか」「こういう形をしていたらこういう進化があったんじゃないか」、そんなふうに人間が頭の中で想像して仮説を紡ぎ出すわけです。それで少し先走ってしまうと、先ほどのようなことになってしまう。あとから確たる証拠が出てくれれば、あれは妄想ではなかった、正しかったんだということになるんですけれど。

山田　どんな仮説も最初は妄想というか想像から始まりますもんね。

クリーニング
地面から周囲の岩石と一緒に掘り出された化石は、骨折したらギブスをするように、石膏で覆って保護されて研究所に運ばれる。石膏を外したあと、歯科用のドリルや針などを使って化石についている堆積物を慎重に取り除いていく。この作業をクリーニングと言う。

真鍋　そうなんです。それで結果的に合っていればみんなが敬意を表するんですけど、外れていると「やっちゃったね」って冷たく言われてしまう。

山田　逆に、冷たく言われる程度で許してもらえるんですか？

真鍋　悪意がなければね。本人が一番落胆しているわけですし。

山田　二度と学会に復帰できなくなったりはしないんですか？

真鍋　あの人の言っていることだから話半分に聞いておこうぐらいなことはありますけど(笑)。

山田　懐の深い学会ですねぇ。

真鍋　そういうことが起こりやすい研究分野ですからね。

山田　確かに。僕だったらたぶん100回ぐらいはやらかしてますよ、すぐ「わっ、これは！」ってなっちゃうほうですから(笑)。

真鍋　実は、僕自身も最近ショックなことがあったんですよ。鹿児島県の甑島（こしきじま）に白亜紀の8000万年ぐらい前の地層が見える断崖絶壁があるんです。海の地層なのでこの崖からは恐竜は出てこないんですけれど、とても雄大で見応えのある景色です。その甑島で2009年、地質調査をしていた熊本大学の小松俊文先生のチームが恐竜の化石を見つけたんです。そこから次々と発見が相次いでいて、去年島の中の新しい産地から70㎝ぐらいの骨化石の断片が見つかったんですよ。それがだいたい7000万年ぐらい前のもの。隕石が落ちて鳥以外の恐竜が絶滅したのが約6600万年前ですから、隕石衝突の直前とまでは言えないものの、日本では一番最後まで残っていた恐竜のひとつで、かつ大きいわけです。

　僕はその写真を見せてもらったときに、首が長くて尻尾も長いアパトサウルスのような竜脚類の足なんだろうなと思った。それで、「この化石は大きな恐竜が7000万年前まで生き残っていたという証拠になるかもしれないから重要です」と伝えたんです。

　その後、発掘され、石の中から化石を削り出す作業に進み、ようやく裏側が見えてきましたということで、写真データを送ってもらったんです。それを見たら、大腿骨であることは間違いなかったんですが、首の長い竜脚類ではなく、ハドロサウルス類などの鳥脚類のものだったんです。想定が間違っていたことがわかって、大ショックでした。

山田　でも、大きいは大きいんですよね。

真鍋　大きいことは確かです。7000万年前に推定全長10m以上のハドロサウルス類が甑島に（当時は大陸の一部だったわけですが）いた。今までこういうタイプのものは甑島からは見つかっていないので、新しいタイプの恐竜が見つかってよかったねという話ではあるんですが、予想した種類と全然違っていたというのは、個人的には大ショックな出来事です。

山田 真鍋さんにしてみればショックでしょうけれど、僕ら素人から見れば大きいだけで万々歳ですよ。でも、竜脚類と鳥脚類ではかなり違うのでしょうね。

真鍋 だから反省してます（笑）。

山田 いやあ、恐竜研究って、なかなか怖い世界ですね。

化石はなかなか見つからない

選ばれしものが化石になる

山田 これも以前から疑問だったのですが、**恐竜の化石って、ほかの生物の化石に比べて、出る量が少なすぎませんか？** 全身骨格が見つかることも稀ですし、同じ場所から何体もザクザク出てきたという話もあまり聞かないような気がします。

真鍋　一度に大量の化石が見つかることもありますよ。**1878年にベルギーのベルニサール炭鉱でイグアノドンの全身骨格が30体以上発見**されています。その炭鉱は、白亜紀前期の地層だったんです。それまでイグアノドンは歯とほんの一部の化石しか見つかっていなかったので、鼻の上に角のある姿で想像図が描かれていたんですが、その発見で鼻の上の角は、実は親指の指先の骨だったことが明らかになりました。

山田　そういう例が、もっとたくさん見つかってもよさそうな気がするんですが。

真鍋　闇雲に掘っても簡単には見つからないですよね。ここに入っているぞという確信が持てない限り、掘っても外れるのがほとんどです。金にものをいわせていろいろなところを掘った人もいましたが、結局成功しませんでしたね。

山田　不思議に思うのは、6600万年前に地球に隕石が衝突して恐竜が大量死したと言われていますよね。だとしたら、その年代の地層を掘れば、恐竜の化石がザクザク出てくるはずじゃないですか。

真鍋　**よほど条件がよいところでないと、死骸が化石になってくれないん**です。隕石衝突の直後にたくさんの恐竜が死んだのは事実ですから、6600万年前の地層に恐竜の屍（しかばね）が累々と残っているはずだと思うのは当然の発想ですが、実際の

初期のイグアノドン生体復元像
リチャード・オーウェン監修、彫刻家ベンジャミン・ウォーターハウス＝ホーキンス制作による復元像。親指のスパイクは鼻の上の角だと考えられていた。1853年に世界最古の実物大コンクリート像がロンドン郊外のクリスタル・パレス公園内に設置され、現在も見ることができる。

ところ**6600万年前の地層を掘ってもそのような化石は残っていない**。なぜ残らなかったのかという理由は簡単には説明できないのですが、化石がたくさん残るような条件ではなかったということでしょうね。

山田　でも、**海の生物の化石は大量に出てきます**よね。以前、チュニジアの岩石砂漠に行ったとき、巨大な崖一面にアンモナイトの化石がびっしり露出して、ボロボロ落ちてきていましたよ。それに比べると、恐竜に限らず陸の生物の化石は少ないですね。

真鍋　化石になる仕組みの一例ですが、動物の骨や足跡などの痕跡の上に砂や泥、火山灰などが積み重なり、それが地中深くに保存される。つまり、跡形もなくなってしまう前に「自然埋葬される」というのが必要条件です（65ページ参照）。それだけでは十分ではありません。さらに、埋まったあとに微生物などに分解されないことも重要です。そのように考えると、**化石になるというのは確率がものすごく低いこと**なのです。

海の底には常に堆積物が積もっていくので、海の生物のほうが自然埋葬されやすいですし、特にアンモナイトはさまざまな種が繁栄していて個体数が格段に多かった。さらに、アンモナイトの本体の軟体部はすぐに腐ってなくなってしまいますけれど、殻は硬いので残りやすいということですね。

一方、アンモナイトに比べて首長竜やモササウルスみたいな太古の海で繁栄していた大型爬虫類がなぜ化石になりにくいかと言うと、体が大きいということはそれだけ食べがいがあるわけです。いろいろな種類の生き物がわっと集まってきて、とことん食べ尽くす。バラバラぼろぼろにされてしまう。だから残りにくいということもあります。もちろん、アンモナイトがおいしくなかったということはないですよ。

山田　タコやイカの先祖ですから、むしろおいしかったんじゃないでしょうか。

真鍋　オウムガイは今でも殻を背負っていますけれど、殻があると体が重くなってしまいます。今のタコやイカは殻の軽量化で繁栄しているのかもしれません。そういう体になってしまうと、タコやイカがどんなに繁栄しても化石にはなりにくいですよね。繰り返しになりますが、アンモナイトの場合は「海の中で個体数が多かった」というのが第一の理由、そして殻自体は分解されにくいので化石になる確率が高かったのです。

海の中も意外に化石は少ないんですよ。というのも、海底だからといって死骸はあまり残らないんです。なぜ残らないのか。「死んだ魚を見ないわけ」という一冊の本になってしまうくらいのテーマです。

簡単に言ってしまうと、陸上ほどではないにしても、海底にも死骸を待っている生き物たちがいて、何か沈んでくると一所懸命分解して食べ尽くしてしまうんです。太陽光線が届かず、とても生命が存在するとは思えないようなところにも、死骸を分解するバクテリアみたいなものはちゃんといて、時間をかけて分解してしまいます。現代の海底で、たまに沈んでくるクジラの死骸を餌にして、そこに生物群集が形成されることが知られています。中生代の海では、首長竜の死骸がそのような役割をしていたらしいのです。

山田　でも、骨は残りませんか？　深海の掃除人と言われるオオグソクムシだって、骨までは食べませんよね。

真鍋　オオグソクムシだけではないのですが、いろいろな生物たちが、骨まで跡形もなく食べ尽くしてしまうようです。だから海底はきれいなんですよ。

山田　海底でさえ死骸が残りにくいのなら、陸上で死んだ恐竜はさらに残りにくいということですね。

真鍋　そうですね、かなり整った条件下で自然埋葬されない限り残りにくいですね。タフォノミー（化石生成学）と言って、死骸がどのように化石になるのか、観

死んだ恐竜が化石になる過程

❶河川の近くで倒れた恐竜

察したり、実験室でシミュレーションしたりする研究をしている人たちがいるんです。

例えば、象が一頭死ぬとします。そうすると虫などがたかったりして、3週間ぐらいでほとんど柔らかいところはなくなってしまい、骨と皮だけになるんです。50日ぐらい経過すると、皮もボロボロになってなくなってしまう。残った骨は相当長い間、バラバラにはなるんですけれど、4年経っても5年経ってもここに死骸があったということはわかるんです。そういうふうにして、生物は分解されるんですね。

ただ、死んだあと何かの拍子でたまたま埋まってしまえば、虫や動物は寄ってこられません。そうやって自然に埋葬されたものだけが化石になって残るわけです。運がいいのか悪いのかわかりませんけれど、**化石になるのはたまたま条件のいい場所で死んだ、ある意味「選ばれしもの」**なんです。

山田　なるほど。でも、しつこいようですが隕石衝突の直後には、巨大な津波に巻き込まれて一気に海底に沈んだやつらとか、水を求めてやってきた湖や沼で泥に埋まって死んだやつらとか

❶死骸の上に、川の水で運ばれてくる砂や泥が積もって、自然埋葬される。
❷積もった土砂の圧力によって熱が加わり、骨や歯などが硬くなったり、骨の微細な隙間に堆積物が染み込んでいったりして化石になる。
❸地層が地殻変動で押し上げられたり、川や海で浸食されたりして化石が露出する。

が、**折り重なって化石になっているような場所があってもよさそうなものじゃないですか。**それが見つからないのが不思議でならないんですよ。

真鍋　一度に大量に死んでもその痕跡が残らない、その説明としてよく使われる事例に、イエローストーンで起きた山火事があります。確実にそこで何千頭という哺乳類が死んでいるんですよ。それなのに、数年後に掘ってみても骨はまるで残っていない。湿地帯ならさぞかし骨が累々と埋まっているだろうと思って掘ってみても、全然出てこない。溶けてなくなっているんです。土壌の中で骨が残りやすい条件になっていないわけですね。

そういう例を見ても、化石として残るのがいかに難しいかがわかります。

山田　イエローストーンのような酸性土壌だと、骨がすぐに溶けてしまうんですね。

真鍋　まさにそういうことなんです。

恐竜のウンチの化石

山田　化石になる確率がかなり低いことはわかりました。でも、その一方で**ウンチや足跡といった、死骸以上にすぐ消えそうなものが化石化して残っているのは**

なぜですか?

真鍋　ウンチの化石と言っても、長く地中に埋まっている間にすっかり鉱物化していますけれどね（笑）。

化石って、実は骨やウンチそのものじゃないんですよ。地中に保存されている間に、元の成分が土中の無機物と入れ替わって残ったもの。鉱物として変化したものなんです。だから長い間、化石には無機物しか存在しないと言われていたんですけれど、今は条件次第では有機物も残ることがわかってきました。

山田　ティラノサウルスの糞（ふん）化石というのを見たことがありますが、誰のウンチかまでわかるものなんですか?

真鍋　肉食動物のウンチとわかるものは、中に骨が入っているからですね。草食の場合は、柔らかくて残らないんじゃないかと思いますけれど、そんなことはないんです。野生の草食動物のウンチってコロコロしていますよね。それはセルロースとか、イネ科の植物の場合だったらプラントオパールとか、そういう硬い組織が詰まっているんですよ、だから化石として残るんです。

ウンチの化石で難しいのは、**実は誰のウンチかわからない**こと。ですから、ティラノサウルスのウンチだと言われているものも、状況証拠でそう言っているだけなんです。ウンチの化石に骨が入っているから肉食動物のものだろう、見つかった地層で発見される肉食動物のうち、こんなにばかでかい排泄物が出せるような大型の肉食動物はティラノサウルスしかいないだろう、そうやって推定していっただけで、本当かどうかの確証はありません。足跡の化石にしても、恐竜が歩いていた、走っていた証拠としては重要な意味を持っているんですが、誰の足跡かまでは、なかなかわからない。せっかく化石はたくさん出ているんですけれど、活かしきれていないですね。

化石発掘の現場で

山田　今は恐竜研究にも多方面からのアプローチがあって、昔のように発掘現場でコツコツ掘るばかりではなくなっているのかもしれませんが、**やっぱり化石がないと始まらない**というところはあると思うんですよ。でも、今の若い研究者の中には発掘が嫌いな人もいるんじゃないですか。

真鍋　います、います(笑)。発掘が嫌いというよりは冒険はしたくないというか。発掘って大当たりすればいいんですけれど、外れる確率のほうが高いです。宝探しみたいなもので、簡単に見つかったら誰も苦労しないわけです。

山田　考古学の遺跡なんかでも同じです。苦労して掘り当てても、財宝が出るとは限りませんしね。

真鍋　だから発掘などはしないで、これまでに出てきた化石、今ある材料をもとに手堅く研究していくという戦略のほうが、安全な選択肢かもしれません。

山田　**発掘なんか、最後のほうになると、精神論になってきますからね。**

真鍋　まさにまさに。

山田　信じてないから出ないんだ、みたいな話になってくる。

真鍋　やっぱり発掘というのは大変な作業なんです。みんなだんだん疲れてきますから、後半になってくると仕事が荒くなって見落としが多くなってきます。長くキャンプしていると、全然効率が上がらなくなってきますね。だいたい1週間ぐらいすると、ちゃんとお風呂に入りたいとか、髪を洗いたいとか、おいしいものを食べたいとか、みんながそういう気持ちになってきます。

　すごい奥地でキャンプしているときはそういうことはできないんですけれど、カナダやアメリカの調査だったら、1週間頑張ったら山から下りて、コンビニのあるところとか、ホテルのあるところへ行って……。

山田　文明が恋しくなってくるわけですね（笑）。

真鍋　洗濯機を回して、お風呂に入って、髪の毛も洗いましょう、おいしいものも食べましょうということをやって、リフレッシュしてまた帰って頑張るんです（笑）。

山田　発掘の効率を上げるために、音波とかを使って地中の埋蔵物を調べたりする方法はないんですか？

真鍋　試した人たちもいるんですけれど、成功例はあまり知られていません。例えば地雷だったら、こういう形のものが、こういう方向で地面に埋まっているってわかるじゃないですか。それを探すというなら探せるんです。でも、化石はどんな形と大きさのものが、どのように埋まっているかわからない。

山田　しかも、たいていは折れたり割れたりしていて、形が決まっていない。

真鍋　そうなるとお手上げです。今まで**ＣＴスキャンや地雷探査装置で何か痕跡を見つけても、いざ掘ってみると何も出てこない**という話ばかり聞きます。

何かあるように見えたのは、「月の表面に餅つきしているウサギが見える」というのと一緒で、人間の頭が作り出した像。恐竜の化石の痕跡を探したい、そういう思いが見せた幻なんでしょうね。本当はもっと成功してくれたらいいとは思いますが、今のところそれは難しいみたいです。研究上はもっとたくさんの化石が出てくれたほうがうれしいんですけれど、そうは言っても化石は珍しいからこそすごく価値があるし、ロマンもある。ザクザク出ちゃうと有り難みがないですよね。

山田　いやいや、僕ら見るほうとしては、ザクザク出てきてほしいですよ。

真鍋　それはそうなんですけれど、なぜ恐竜の化石にみんなあれほど燃えるのか。宝探しのようなもので、簡単には出てこないからこそ夢中になるのかもしれませんよ。

見えることがある。これは成長停止線と呼ばれ、現生種のワニなどにも見られる構造である。１年の中で成長が滞る時期があると、そこが線のように見えるものである。成長停止線を数えることで、年齢を推定することが可能になる。

ティラノサウルスの「スー」は死亡年齢が28歳と推定される。「スー」はティラノサウルスの中でも最大級の個体なので、ティラノサウルスの寿命は28歳から30歳ぐらいだと推定されている。成長停止線で死亡時の年齢が推定されたものの中で、これまでに40歳代以上の個体は恐竜全体でも報告されていない。恐竜は体の大きさから受けるイメージよりは短命だったかもしれない。

30歳

恐竜の性別

別種と報告されている恐竜でも、その特徴の違いは同じ種のオスとメスの違いだったりすることもある。生殖器の主体は軟組織であることが多く、骨だけになった化石から性別を特定することは難しい。

現生種の鳥類のメスは、産卵期になると卵の殻を作るのに多量のカルシウムを必要とする。産卵期が近くなったメスは、大腿骨などの内壁にカルシウムを貯めていることが知られている。同様の構造が恐竜でも確認されることから、その個体がメスだと特定する有力な証拠となっている。しかし、カルシウムを貯めていなくても、それがオスだとは言えない。産卵期ではないメスの可能性もあるからだ。

コラム 2

【恐竜のスペック】

最大の恐竜

論文の中で全長が推定されているものでは、2017年にアルゼンチンの白亜紀後期から報告されたパタゴティタンが37mとされている。大きな恐竜の頭から尾までが連続して見つかることはほとんどないため、推定が難しく、誤差の範囲が大きい。

37m

最小の恐竜

個々の恐竜の年齢を推定することは難しい。小さな個体の化石があったとしても、それが小型種の大人であればよいが、単に子どもであるから小さいだけかもしれない。
中国・遼寧省のジュラ紀中期〜後期の地層から2015年に報告されたイーは、羽毛ではなく飛膜を持っていたことで注目された。イーは推定全長30cmとされている。もっと小さな恐竜化石はたくさん報告されているが、イーの場合は、背骨などの形態から、成熟した個体だと考えられるため、子どもではなく、大人として最小と言うことができる。

30cm

最長寿の恐竜

大型の竜脚類の寿命は100年などと記述されることがあるが、恐竜には戸籍がないのでわからない。大腿骨や脛骨などの長い管状の骨の断面を薄片にして顕微鏡で見てみると、木の年輪のような構造が

講義2時限目

恐竜が生きた時代

撮影協力：国立科学博物館

地球誕生から恐竜の出現まで

恐竜誕生まで

山田　恐竜が栄えたのは、時代区分で言うと中生代の三畳紀、ジュラ紀、白亜紀ですよね。それ以外の地層からは全く出てこないのですか？

真鍋　今は恐竜が鳥になって現代まで生き残っていることがわかっていますが、いわゆる昔から恐竜と呼ばれてきた狭義の恐竜についてはそうですね。

三畳紀というのは約2億5190万年前から約2億年前まで、その次に続くジュラ紀は約2億年前から約1億4500万年前まで、白亜紀は約1億4500万年前から6600万年前までを指します。その中でも**恐竜が繁栄していた時代は、三畳紀の中頃から白亜紀の終わりまでの約1億5000万年の間**です。基本的には、今よりも温暖な気候でした。

山田　地球が誕生したのは約46億年前ですよね。

真鍋　そうです。地球誕生から現代までを地質学上では、冥王代、始生代、原生代、古生代、中生代、新生代の6区分に分けています。そのうち冥王代から原生

三畳紀・ジュラ紀・白亜紀、名の由来
三畳紀は最初に発見された南ドイツの赤・白・茶、三層の地層から。ジュラ紀は、フランス東部からスイス西部に広がるジュラ山脈の石灰岩層が由来。白亜紀は、ドーバー海峡地域のチョーク（白亜）を含む地層にちなんだ名。

ストロマトライト
stromatolite
《層状の岩石》
シアノバクテリア類の死骸や泥などによって形成される層状の岩石。現在ではシャーク湾の「原始の海」など、ごくわずかな水域にしかない。

代までを「先カンブリア時代」と言って、約46億年前から5億4100万年まで続きます。原始海洋が誕生したのが約40億年前、そして**少なくとも約37億年前にはすでに生命が存在していた**ことがわかっています。

山田　その証拠とされるのが、ストロマトライトでしたっけ？　オーストラリア西岸、シャーク湾の「原始の海」と呼ばれているところに群生している、ドーム状の岩みたいなやつ。

真鍋　あれはシアノバクテリアと呼ばれる光合成細菌が層状に堆積してドーム状になったものなんです。2016年にはグリーンランドの約37億年前の地層から、世界最古とされるストロマトライトの化石が発見されたことが報告されています。光合成によって酸素を作り出していたシアノバクテリアのような単細胞生物が、やがて多細胞生物へと進化していく。原生代の終わり頃、約6億年前にはクラゲやゴカイの祖先とされる原始的な節足動物の仲間も誕生しているんです。

山田　原生代の次に古生代がきて、ようやく中生代、恐竜の時代になるわけですね。

真鍋　古生代は約5億4100万年前から約2億5190万年前まで、約2億9000万年続きます。その内訳はさらに細かく、カンブリア紀、オルドビス紀、

©ピクスタ

三葉虫
《三葉の石》
カンブリア紀に出現し、古生代最後のペルム紀に絶滅した節足動物。地層の年代を決める重要な「示準化石」のひとつ。

シルル紀、デボン紀、石炭紀、ペルム紀と区分されているんですが、古生代のはじめのカンブリア紀になって生き物の数や種類が劇的に増えます。

山田　**いわゆる「カンブリア爆発」**ですね。カンブリア紀の代表的な生物と言えば三葉虫。そして、カナダのロッキー山脈で化石が見つかった「バージェス動物群」。最初の大型肉食動物と言われるアノマロカリスとかですね。

真鍋　そうです。分類学で言うと「門」レベル、**現在知られている約30門にわたっての生き物は、このカンブリア紀にほぼ一斉に誕生したと考えられています。**そして、約5億2000万年前頃には最初の魚類も現れて、「甲冑魚（かっちゅうぎょ）」などが生息した魚類の天下が約4億年前まで続くんです。

山田　甲冑魚！　頭部に堅い骨質板がある凶悪な顔をした魚ですね（笑）。

真鍋　そして古生代中期、約4億1920万年前から始まるデボン紀になって、ようやく両生類が現れるんですよ。

山田　生きた化石と呼ばれるシーラカンスが出現した時代ですよね。

真鍋　そのシーラカンスと同じ総鰭（そうき）類に、あしのようなヒレを使ってときどき水から陸上に上がっていたのではないかと考えられているユーステノプテロンという魚がいます。このヒレがさらに手と足に進化して「両生類」になっていったん

バージェス動物群
ロッキー山脈で1909年に発見されたバージェス頁岩から化石として見つかった動物群。カンブリア紀中期のもので、1万を超す標本が発見されている。この動物群の中に、アノマロカリスも含まれていた。

「甲冑魚」
古生代オルドビス紀に現れ、シルル紀からデボン紀に栄えた化石魚類。頭部は硬い骨質板で覆われていることから、「甲冑魚」と呼ばれるが、体表を硬くする進化はいろいろな系統で独立して複数回起こっていたため、甲冑魚は正式な分類群名ではない。

です。

古生代には爬虫類への進化も起こり、哺乳類の祖先を含む単弓類も登場するのですが、**古生代最後のペルム紀末期に史上最大と言われる大量絶滅が起こりました。**現代のシベリア付近で大きな溶岩噴出が起こり、そのガスが大気圏を覆ったことから全地球的に寒冷化となり、史上最悪の大量絶滅へと進んだのです。三葉虫はもちろん、古生代を代表するほとんどの魚類が死に絶えたんです。この大量絶滅のあとが、約2億5200万年前から始まる中生代です。

山田　いよいよ恐竜の時代ですね。

恐竜の出現

真鍋　魚から両生類になって、やがて爬虫類に進化し、そこから恐竜になっていくというのが進化のストーリーです。ヒレしかない魚は水の中しか泳げなかった。そのうちヒレが手足に変わって上陸できるようになり、「両生類」になるわけですね。

　では、**両生類と爬虫類の違いは何か。それは、卵に殻があるかどうかなんです。**カエルの卵は殻がないので水の中に産まないと、せっかく産んだ卵が干からびて

ユーステノプテロン（または**エウステノプテロン**）
Eusthenopteron
《がっしりした鰭》
シーラカンスと同じ総鰭類に分類される魚類。鰭を構成する骨は四肢動物に近い。

しまいますよね。水の中で孵(かえ)った子どもは最初はオタマジャクシとして水の中で生活し、やがてカエルになって上陸しますが、卵を産む場所は水の中でなくてはいけない。水からスタートして陸へ、そしてまた水から始まるというサイクルを繰り返すのが両生類です。

一方、爬虫類は殻のある卵を産めるようになったので、水へ戻らなくていい。陸上に卵を産んで陸上で暮らす。ずっと陸上にいられて水辺に戻る必要がない。それで一気にシェアを広げていくんですよ。

山田　その爬虫類から恐竜が生まれるんですよね。**爬虫類と恐竜の決定的な違いは、どこにあるんですか？**

真鍋　爬虫類は四つん這いの四足歩行、肘と膝を真横に突き出して這っていたわけですが、**最初の恐竜は二足歩行だった**と考えられているんです。**ガニ股の腕立て姿勢で這うのをやめて二足歩行になった。**それでサクサク動けるようになったというのが、恐竜と爬虫類の大きな違いだと言われています。

山田　では、「恐竜とは何ぞや？」といった場合、単純に「二足歩行の爬虫類」と考えればいいわけですか？

真鍋　そう言えると簡単なんですが、**実は恐竜に進化したあとで四足歩行に戻る**

恐竜

爬虫類

恐竜のあしと爬虫類のあしの構造

恐竜の後肢の骨はまっすぐ下に向かって伸びて、あしを前後に振って歩く。爬虫類の後肢は大腿骨が骨盤の凹みに浅く接続するため、膝が胴体の横に突き出してしまう。肘や膝を曲げて体を支える構造なので、ガニ股で体をくねらせながら歩く。

やつが出てくるんです。トリケラトプスとか、ブラキオサウルスとかは四足歩行に戻った種類です。

山田　今、それを言おうと思っていたんですよ。四足歩行の恐竜もいたじゃないかって。

真鍋　進化のプロセスで言うと、「二足歩行になったときに、ガニ股をやめました」ということなんです。そうすると、ほかの爬虫類に比べて早く獲物に追いつけるとか、早く敵から逃げられるとか。同じ時間とスタミナで遠くまで行けるということが有利になって、恐竜がほかの爬虫類をおさえて、どんどんシェアを伸ばしていったのだろうと言われています。

山田　要するに、**爬虫類の中から恐竜が生まれ、さらに恐竜の中から鳥類が出てくる**と、そういう認識でOKですか？

真鍋　学校では、小学4年生ぐらいで魚類、両生類、爬虫類、鳥類、哺乳類と習うわけですね。でも、それは今の動物しか見ていない分類です。進化のことは考えず、魚類は魚類、ヒレしかないでしょう。両生類になってくると、手足になってきますよね、というような話です。そしてウロコを持ち、卵に殻を持つようになるのが爬虫類です。鳥類と哺乳類は恒温動物で体温は常に一定ですし、鳥の場合は羽毛がふさふさしているし、哺乳類の場合は毛がふさふさしている。そういうふうにして、5つのグループは明確に分けられています。

でも、進化を考えて化石にさかのぼっていくと、爬虫類の中から恐竜が出てきて、最初はウロコだったのが、羽毛を持つようになってくる。それが羽ばたいて鳥になっていくじゃないですか。爬虫類の中から恐竜が出てきてそれが鳥になっていくという流れの中では、どこまでが爬虫類で、どこからが鳥類なのか、簡単に分けられなくなってしまいます。それは進化を考えるからで、つながっているのは当然なんです。

山田　ということは、**爬虫類と鳥を恐竜がつないでいる**わけですね。

真鍋　はい、ミッシングリンクみたいな感じですね。ただ、進化のことがわかってきた分、昔より話はわかりづらくなっています。

例えば、始祖鳥には羽毛がありますが、骨格は爬虫類っぽくて口には歯があったりする。だから爬虫類から鳥が進化してきたというのは、始祖鳥を見ればわかりますねと説明できていました。けれども、最近になってさまざまな種類の「羽毛恐竜」が出てくると、爬虫類と鳥類の境目が始祖鳥とは限らなくなってきた。どこからどこまでを恐竜と呼んで、どこからどこまでを鳥と呼ぶべきかというのは簡単には決められなくなりました（179ページ参照）。

今のところはまだ始祖鳥を区切りにする、ということは変わっていないんですけれど、新説をニュースで見聞きした方から、「あれ、始祖鳥って習ったのに」「毎年変わってしまっては困るじゃないか」と言われることがあるんです。

山田　またややこしくなってきた（笑）。**今のところは始祖鳥で分けて大丈夫なんですね？**

真鍋　はい。でも、なぜ始祖鳥で分けるんですかと改めて聞かれると、歴史的な経緯としか言えなくなってきました。今までずっと始祖鳥で分けてきたので、よほどのことがない限り、始祖鳥で分けることにしましょうというわけです。

爬虫類と鳥類を隔てているのは、人間が頭の中で考えた分類基準というだけで、生き物のほうはただ一所懸命日々暮らしているだけです。人間が爬虫類と呼ぼうと鳥類と呼ぼうと、そのアイデンティティーには関係ないわけですからね。

山田　**爬虫類も自分が爬虫類だと思って暮らしているわけじゃない**ですもんね（笑）。

真鍋　人間は分類したがるから、ここまでを爬虫類としましょう、ここまでを恐竜としましょう、ここからは鳥と呼びましょうと喧々囂々（けんけんごうごう）としている。

でも、毎年のようにその境目が変わっちゃうとみなさんも迷惑するだろうし、分類学としても困りますよね。だから、分類学の安定性を考えると、歴史的な経緯から始祖鳥からを鳥と呼びましょうと決めているのです。

三畳紀、ジュラ紀、白亜紀の恐竜

山田 爬虫類が二足歩行の恐竜になっていく経過を、もう少し詳しく解説していただけますか。

真鍋 恐竜の足跡の化石を見ると、足の裏の形が一直線に行儀よく並んでいるのがわかります。でも、ワニやトカゲのようにガニ股で歩くと、左足と右足が開いちゃうんですよ。だから、誰も白亜紀の恐竜が歩いているところを見た人はいないんですけれど、恐竜以外の爬虫類と恐竜とでは歩行スタイルに大きな違いがあることが、足跡化石から裏づけられるわけです。

この**歩行スタイルに大きく影響しているのが、骨盤と大腿骨の接続部分**です。普通の爬虫類の骨盤には浅い凹(へこ)みがあって、そこに大腿骨がはまるんですが、凹みが浅いせいでどうしても膝が横に出てしまう、だから、ガニ股になるんですね。

一方、なぜ**恐竜がガニ股にならないのかというと、爬虫類では浅い凹みしかな**

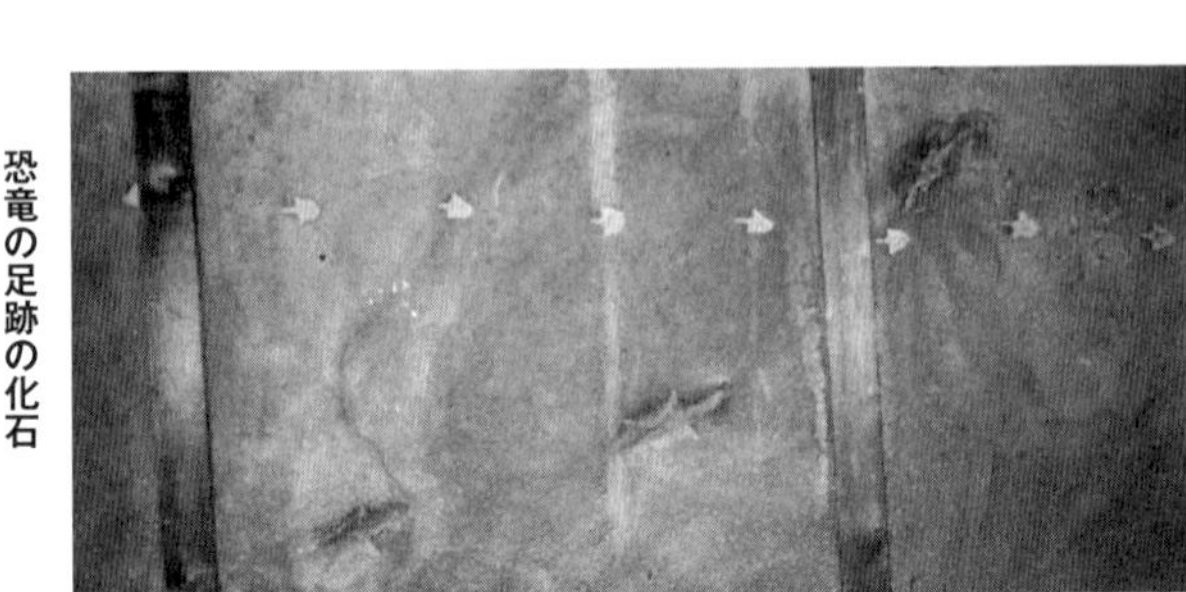

恐竜の足跡の化石
ガニ股歩きの爬虫類の足跡はジグザグだが、恐竜の足跡はまっすぐなラインを描く。

アメリカ・イェール大学ピーボディ自然史博物館の標本　写真提供：真鍋 真

い部分が穴になっていて、大腿骨が深くはまるからなんです。深くはまっている分、膝が横に突き出さないですむんですね。だから、骨盤を見て穴が開いていれば恐竜、浅い凹みだけなら恐竜ではない爬虫類だとわかるんです。

つまり、**骨盤に穴が開いたことが、歩行スタイルを大きく変えた**。そのほかの爬虫類をおさえて恐竜という種類が台頭していく大きなモデルチェンジが起きたということです。

山田　ガニ股四足歩行の爬虫類が直立二足歩行の恐竜に進化するのは、三畳紀のいつ頃ですか？

真鍋　現在、最も古くて原始的な骨格の恐竜は、アルゼンチンの三畳紀後期（約2億2500万年前頃）の地層から発見された化石などですが、三畳紀中期のヨーロッパの地層から足跡の化石が見つかっていますので、最初の恐竜が現れたのは三畳紀の中期以前だと考えられています。

爬虫類は基本的に肉食です。最初に誕生した二足歩行の恐竜も肉食なのですが、それはまだ全長1～3mの小さなヘレラサウルスやエオラプトルなどの恐竜でした。なお、三畳紀には恐竜とともに、海に戻った爬虫類＝魚竜や、空に進出した爬虫類＝翼竜も誕生していました。

ヘレラサウルス
Herrerasaurus
《ヘレラ（人名）のトカゲ》
三畳紀後期の原始的な獣脚類で、二足歩行・肉食。頭や骨盤に鳥脚類に近い特徴があるとの意見も。

山田　肉食二足歩行の恐竜が四足歩行に戻って大きくなっていくのは、次のジュラ紀からですか？

真鍋　いえいえ、**三畳紀の終わりまでに、すでに二足歩行から四足歩行に戻るもの、草食という食性を獲得していくもの、体が大きくなっていくものなど、恐竜の多様化は始まっています。**そして、当時の地球にはまだパンゲアというひとつの大陸しかなかったので、さまざまに進化した恐竜が世界中に広がっていくことができました。

山田　僕がたまらなく好きだったステゴサウルスなどは、次のジュラ紀に出てくる恐竜ですよね。

真鍋　ジュラ紀になるとひとつだったパンゲア大陸が、北のローラシア大陸と南のゴンドワナ大陸のふたつに分裂します。**ジュラ紀後期までには始祖鳥など、鳥への進化も始まりました。**草食四足歩行のアパトサウルスや肉食二足歩行のアロサウルスもこの時代を代表する恐竜ですね。

山田　おかしな姿をした恐竜が増えるのは、中生代最後の白亜紀ですよね。

真鍋　**白亜紀には大陸がほぼ現在の形に整い、恐竜たちは分かれた大陸ごとに多様に姿を変えていきます。**

三畳紀の大陸
三畳紀後期はほとんどの大陸が陸続きでパンゲアと呼ばれるひとつの大陸を形成。ジュラ紀に北のローラシア大陸と南のゴンドワナ大陸に分裂した。

白亜紀の大陸
白亜紀になると大陸はさらに細かく分かれ始め、恐竜はそれぞれの地域で多様な進化をするようになった。

ティラノサウルスが闊歩していたのもこの時代ですし、剣竜のステゴサウルスに変わって、骨でできた分厚いウロコで覆われた鎧竜、アンキロサウルスも現れました。首に独特のフリルをつけたトリケラトプスや鳴き声でコミュニケーションをとっていたと考えられるパラサウロロフス、子育て恐竜のマイアサウラなどもこの時代の恐竜です。翼竜の中にも小型飛行機ぐらいの大きさをしたケツァルコアトルスなどが出現しましたし、もしタイムマシンでさかのぼれるとしたら、白亜紀というのはかなり見応えのある時代だと言えるでしょうね。

恐竜はなぜ鳥に？

山田　ところで、ジュラ紀に始まった恐竜から鳥への進化は、なぜ起こったんですか？

真鍋　恐竜と鳥との境目は、先ほどの始祖鳥の話で出てきたように、ちょっと複雑なんです。今は始祖鳥の前後にあたるたくさんの種類の化石が見つかっていますので、はっきりとした境目がどこかはなんとも言えないのですが、鳥への進化はジュラ紀に起こったとされています。**羽毛が生えたのは鳥に進化するよりも前。**羽毛の有無では、恐竜か鳥かの区別はできなくなりました。

パラサウロロフス
Parasaurolophus
《サウロロフスに似たもの》
白亜紀後期の鳥脚類で、パイプのような頭部の突起が特徴。中は空洞で、空気を通すと低い音が響き、コミュニケーションに役立ったのかもしれない。

全長約10m

飛べるようになったものたちだけが、鳥です。現代にも羽毛があっても飛ばないキーウィやダチョウ、ペンギンのような鳥たちはいますが、あの鳥たちの先祖は体も小さく、すべて飛ぶ鳥でした。かつては飛んでいたけれど、天敵がいないとか、餌が十分にあるなどの理由で飛ぶ必要がなくなって、体も大きくなり、飛ばなくなっていった進化が、鳥類の中で何回も起こっていました。

山田　つまり、**飛ばなかった恐竜で生き残ったものはいない、**とも言えますね。

真鍋　羽毛は飛ぶために進化したというよりも、体温を一定に保つためだったり、羽毛に色や模様をつけて仲間を区別するためだったり、最初はそういう機能だったと考えられています。

例えば、頭のてっぺんを赤くするだけでオスだということがわかってもらえる。斑点があるのが自分の仲間だとわかる。そのほうがコミュニケーションに有利じゃないですか。**飛ぶ飛ばないにかかわらず、羽毛が恐竜の繁栄に一役買った**ということは間違いないと思います。

山田　恐竜から飛ぶ鳥に進化する前に、ダチョウ型になったやつはいないんですか？

真鍋　翼もあるのに飛ばないまま絶滅した恐竜もたくさんいました。**恐竜の段階**

ケツァルコアトルス
Quetzalcoatlus
翼竜は手の第4指(薬指)がほかの指よりも著しく長くなり、ここから皮膜が胴体、種類によっては足首にまで広がっていた。大きな皮膜を使ってグライダーのように滑空していたと考えられているが、ケツァルコアトルスは翼開長が10m以上と推定され、小型飛行機のようだ。実際に滑空できたか、疑問視する研究者もいる。

で羽毛を持ったものがすべて飛ぶようになったのではなく、一部が飛ぶようになり、その中で絶滅しなかったものが現代の鳥になっていくんです。羽毛が生え、翼も持つようになったのに、その後は体が大きくなるほうへ進み、飛ぶほうへは進化しなかった恐竜もたくさんいました。しかし、そういうものは生き残っていません。

山田　飛べる鳥が先にいて、その後、飛べなくなる鳥も出てきたと。でも、話の流れとしては、むしろ飛ばない鳥のほうが先にいて、その中から飛べるやつが出てきたと考えるほうが自然なように思えるのですが。

真鍋　**飛ばない段階を、私たちは恐竜と呼んでいるのです。**みんな最初はフリースみたいな羽毛をまとっています。そのうち翼を持つやつが出てくるんですね。

とはいえ、翼を持つということが必ずしも飛ぶことにはつながっていかない。

では、どのようにして飛ぶようになっていくのか。考えられる理由として、翼を持ったもののうち、体が小さい恐竜たちが、木の上にあがって枝から枝にジャンプするようになったとします。その際、翼があったほうが有利ですよね。

山田　なるほど。まずは小さな翼から始まったと。

真鍋　そのうちに大きな翼を持つものが出てくる。そのほうが滞空時間が長くなりますし、遠くの枝へも飛び移れるようになりますよね。ずっと木の上にいたほうが攻撃されにくくなり、食べられる危険性も減って安全。昆虫を食べたり、実を食べたりと餌も得やすかったかもしれない。おそらく伴侶を見つけることにおいても有利になったのでしょう。そのようにサバイバルに有利だというファクターがあって、飛ぶ方向へ進化が促進されたかもしれません。

ただ、**「羽毛恐竜」の中には、飛ぶという方向へは進化せずに恐竜のままい続けたものたちもいました。**

例えば、ティラノサウルスなどもそうなんです。ティラノサウルスの仲間はもともと小型の肉食恐竜で、その親戚は鳥になっていった。でも、ティラノサウルスはならなかった。なぜならなかったのかは簡単にはわからないんですけれど、あれだけ大きくなってしまうと、もう木の上にのぼるなんて全然考えられないですよね。

山田　**飛ぶことよりも、大きくなることを選んだやつもいる**ということですね。

恐竜時代の終焉

隕石衝突！

真鍋　当然大きくなることで有利になる、ということはあります。ティラノサウルスは地上最大級の肉食恐竜として、恐竜時代の最後まで君臨し続けましたからね。でも、白亜紀の終わりに起こった隕石の衝突では、大きな体が不利になって生き残ることができなかったわけです。

山田　よく**「恐竜はでかいから滅んだ」**と言いますよね。要するに、滅んだのは餌がなくなってその巨体が維持できなくなったからだと。

　僕らが子どもの頃は、単に地球が寒冷化して植物が少なくなり、草食恐竜が先に死に絶え、それを餌にしていた肉食恐竜も絶滅していったと教わったものですが、いつ頃から隕石衝突説が決定的になったんですか？

真鍋　**隕石衝突説が最初に出てくるのは70年代ですが、市民権を得てきたのはたぶん80年代だと思います。**決定的になったのは1991年にメキシコのユカタン半島で、巨大なクレーターが見つかったからですね。チチュルブ・クレーターと命名されていますが、このクレーター自体は直径が約160kmあるんです。その大きさから推定すると、落ちたのは直径約10kmもある巨大な隕石だったと言われ

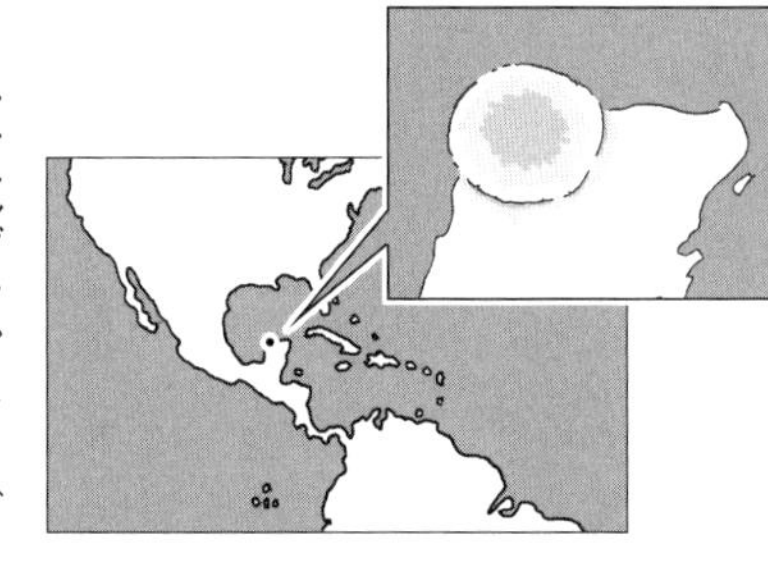

チチュルブ・クレーター（または**チクシュルーブ・クレーター**）
Chicxulub crater
メキシコのユカタン半島にある約6600万年前の小惑星衝突跡で、直径は約160km。地球上3番目の規模であり、顕生代（5億4100万年前以降）では最大級。地層中にあるため、地表からは見えない。

ています。

隕石が衝突したことで、隕石の破片や衝突された地面の岩石などが水蒸気と一緒に巻き上げられ、大気圏に層を作ってしまった。太陽光線が届きにくい環境になったまま、おそらくそれが2年ぐらい続いたと言われています。光合成ができなくなって植物も育たなくなる、植物が少なくなれば草食の動物はもちろん、それを餌にしていた肉食の動物も少なくなっていきます。

そうなると、体が小さくてあまり食べなくてすむ動物がサバイバル率が高く、体が大きくてたくさん食物を必要とする動物は飢え死にするリスクが高くなる。そこで明暗が分かれるわけです。

山田　その理屈で、**体の小さかった生き物だけが生き残ったと言われますが、でも、小さい恐竜もいましたよね。**ちょこまか動いていたやつ。あいつらはどうして生き残らなかったんですか？

真鍋　まさにそこが一番説明の難しいところなんです。今は一応、シミュレーション計算して、生き残れたのは体重25kg未満の小さい動物だろうと言われています。25kgときっかり厳密に決まっているわけではないんですが、それぐらい小さければ、要するに食べる量が少ないので、餌が少なくてもやりすごせる確率が高くなるというわけです。

昔は小さい恐竜の化石が見つかっていなかったので、恐竜といえば大きいものしかいないという先入観がありました。だから、大きいとやはり簡単に絶滅しちゃうよねという話で片づけられていたんです。

ところが１９９６年に最初の「羽毛恐竜」が見つかって、その後、体の小さな恐竜もたくさんいたことがわかり始めると、先ほどのどこまでが恐竜でどこからが鳥なのか境目で悩んでしまうことと同じように、ではなぜ小さな恐竜までサバイバルできなかったのかという疑問が出てきます。

山田　白亜紀後期でも、25kg以下の小さい恐竜はいましたよね？

真鍋　恐竜たちは一生成長を続けたので、小さい個体の化石が発見されても、それが子どもだから小さいのか、小型種なのかが簡単にはわかりません。いずれにしても小さな恐竜の化石は数多く見つかっています。

なぜ、小さな恐竜はサバイバルできなかったのか。ちょっと逆方向から考えてみましょう。

すべての鳥が生き残ったのかというと、そんなことはないんです。歯を持っていた原始的な鳥たちは絶滅しました。もともと飛ぶことにおいては、クチバシのほうが若干軽くなるから飛行に有利だろうとは言われていたんです。そして約6600万年前の大量絶滅のとき、歯のある鳥たちは生き残れなかった。

そのひとつの説明として、歯のある口では硬い種のようなものは餌にすることはできない。でも、クチバシなら硬い木の実や種なども割って餌にすることができた。だから、クチバシのある鳥は生き残れたというわけです。つまり、**鳥に進化した体の小さいもののなかでも、クチバシを持った種類だけが生き残った**、という説明です。

2018年5月、もうひとつ新しい仮説が提案されました。卵の中の体作りの中で、**鳥類は歯をクチバシにすることによって、ふ化までの時間を短縮した**というものです。卵の中という無防備な時間を短縮できることは、メリットになるはずです。

山田　なるほど、鳥が生き延びた理由はわかりました。でも、どうしても不思議なのでしつこくうかがいますが、**ワニやカメは生き延びていますよね**。だったら、飛べなくても体さえ小さければ恐竜だって生き延びられたんじゃないかと思うんですよ。

真鍋　**恐竜が生き残れなかったのは、おそらく恒温動物になったから**でしょうね。

同じ体重のトカゲと恐竜がいたら、恐竜のほうが数倍以上多く食べなくちゃいけないんですよ。ワニとかカメとかトカゲとかヘビは変温動物なので、夜になって太陽が沈んだら、自分の体温も下がってしまい、活発には動けない。だから早く寝ましょう。そんなライフスタイルです。

それに対して恐竜は、鳥や哺乳類と同じ恒温動物だったら、常に36度近くエアコンをきかせて夜でも活発に動けるようにしていたはずです。そうなると、餌がすごく少ない状況というのは、それだけ不利になりますよね。**絶滅するか生き残るか、その明暗を分けたのはほんの少しの差だった**と思うんですよ。

でも、環境の悪化が2年ほども続き、食べるものが少ないという時代を生き延びなければならないという状況では、その少しのことが大きく左右したんでしょうね。

鳥は本当に恐竜なのか

山田　恐竜から鳥に進化したというのはほぼ定説になってきていますが、では、鳥＝恐竜と言い切ってしまっていいのでしょうか。ハトを恐竜と呼ぶのには抵抗がありますが。

真鍋　進化を意識した系統分類の中では、鳥は恐竜である、ということになります。でも、「恐竜は鳥になって生きている」と言っても、カラスとかハトとか、あれは紛れもなく鳥ですよね、あれを恐竜と呼ぶのは正しくないんじゃないですか、と言いたくなる人もいます。常識的に考えるとあれは鳥です。それはいいです。じゃあルーツが恐竜である、それもいいです。だけど、鳥類は鳥類、恐竜だというのは間違いですよね、というわけです。

けれども、恐竜という分類の中からひとつの枝が鳥になっていく。その鳥の中には始祖鳥もいれば、ダチョウもいれば、カラスもいれば、ハトもいれば、スズメもいる。だけどそれは、恐竜という分類の中のごく一部の仲間の中のそのまた一部です。

だから、鳥類は何に分類されるんですかと言ったら、恐竜に分類されます。そして、恐竜は何に分類されるんですかと言ったら爬虫類に分類されます。それに従えば、カラスやハトやニワトリはみんな鳥なんですけれど、鳥類は恐竜の部分集合なので、鳥類は恐竜でもあります。だから、「恐竜は今でも生きている」という表現になるのです。

山田　爬虫類という枠は、もっと大きいわけですよね。まず爬虫類があって、その中に恐竜があって、さらにその中に鳥がいるわけだから、もう**十把一絡**げに**「全部爬虫類だ」と言ってしまってもいいんじゃないか**と。

真鍋　鳥も恐竜も元をたどれば爬虫類ですからね（笑）。今でも爬虫類のDNAはハトに受け継がれていますし、あるいはカラスに受け継がれています、それは間違いない。ただ、爬虫類は今も普通にいるじゃないですか。だから「爬虫類は生きている」では、話がこんがらがってしまいます。ワニとかヘビとかトカゲとかカメとかの中でも、途絶えたやつは山ほどいるんですが、完全には絶滅しないで今があるわけじゃないですか。

そう考えたときに、**恐竜もかつては絶滅したと思われていたけれど、実は鳥になって現代もいる。恐竜は絶滅していませんよ**と宣伝する必要があるのです。

山田　ただし、恐竜の中で約6600万年前の隕石衝突を乗り越えたのは鳥になったやつだけだった、というわけですね。

真鍋　鳥だけです。今のところね。

巨大恐竜は消えた？

山田　僕らが子どもの頃には、巨大恐竜の生き残りがいた！　という噂が流行りましたよね。今は否定されているけれど、ネス湖のネッシーとか、屈斜路湖(くっしゃろこ)のクッシーとか。まあ、あれらが首長竜だとすると、厳密には恐竜ではないんでしょうけれど、本当に今はもう巨大恐竜は生き残っていないのでしょうか？　そこは間違いないですか？

真鍋　昔はよく北極とか南極とかアフリカの奥地なんかにまだいるんじゃないかと言われれていましたよね。確率的にはゼロとは言えないんですけれど、今は情報が行き届いて、前人未到の場所というのはほとんどなくなった。昔のオーソドックスな恐竜の姿をしたのがいたら目立ちますから、さすがに形を変えずに生きているという確率はとことん低いだろうと思います。

山田　直接その場所へ行かなくても、今はグーグルアースとかで見られちゃいますもんね。**僕らが子どもの頃は、とりあえずアマゾンの密林とかギアナ高地とか言っておけば、何がいても許されることになっていましたからね。**

真鍋　そうでしたね。情報化社会だと言ってしまうと短絡的すぎるかもしれませんが、情報が満ちあふれている時代に生きていると、ロマンというか、探検とか冒険とかというモードにはなりにくいですよね。どこかにとんでもないものが隠れているとか、そういう方向への発想は貧弱になっていくでしょうね。

写真提供：真鍋 真（国立科学博物館）

シーラカンス
Coelacanthiformes

学名は *Latemeria* 古生代に出現し、白亜紀末期に絶滅したと考えられていた。1938年に現生種の存在が確認され、化石種と現生種の間に差異がほとんど見られないことから「生きている化石」と言われる。

山田　唯一残された聖域は海、深海かもしれませんね。

真鍋　そうですね。絶滅したと思われていたシーラカンスが見つかったのも海です。そもそもシーラカンスの化石は6600万年以前の中生代の地層からはざくざく出てきていたんです。もともと淡水にもいたし、海水にもいたし、世界中にいる魚でしたからね。

　でも、それ以降の地層からは化石が出てこない。だから、ああいう「古代魚」は絶滅したんだと思っていたら、コモロ諸島の海底洞窟などに生息していることがわかった。今はアジアにもいることが確認されました。そういう出会いは、もしかするとまだまだあるかもしれないですけれどね。

山田　何かが隠れていそうな感じが唯一残されているのが海ですよね。

真鍋　恐竜は基本的には陸に住んでいますが、スピノサウルスみたいに水の中で魚を食べていたんじゃないかという恐竜もいますし、**2017年12月に発表されたハルシュカラプトルという新種**も、水の中に進出して泳ぎながらカモみたいに餌を探していたんじゃないかと言われています。

　日本でも、アンモナイトなどが出てくる北海道の海の地層から発見された「むかわ竜」の化石が新種の恐竜じゃないかと注目されていますから、海の地層もも

ハルシュカラプトル
Halszkaraptor
《ハルシュカ（人名）の泥棒》
白亜紀後期の獣脚類。ペンギンのような前あしと白鳥のような首が特徴。泳いで水中の餌を探したとされる。全長約0.8m。

っと探さないといけないんじゃないかとは思うんですけれど、確率は高そうじゃないので、なかなかそこに時間的、経済的投資をするということにはならないんですけれどね。

進化と生き残り

真鍋　生命は単純なものから始まっているので、何段階も進化してより複雑になっているもののほうがスペックが高いよね、ということになるんですが、**生存競争の中では、複雑にできているほうが必ずしも有利だとは限らないんです。**

さまざまな生き物がいて、どう考えてもスペック的に劣っているようなやつもたくさんいるんですけれど、それはその生態系の中でちゃんとつじつまがあっていれば、滅びずに現在につながっているわけですね。長い地球の歴史のさまざまな出来事の中でスペックが低いもののほうがよかったりすることは多々あります。

先ほど話に出たシーラカンスも、ああいう泳ぎの遅そうな「古代魚」は絶滅していても当然だとみんなが思っていた。でも、実は海底洞窟みたいなところに潜んでいた。速く泳ぐ必要のない場を与えてもらえれば、絶滅せずにちゃんと今でもハッピーに生きている。そういうことは、結構いろいろなところで起こっているんです。

山田　だから**僕は、進化って言葉は使わないほうがいいと思っているんですよ。**進化って、人間を頂点として、より複雑なもののほうが高度であるとする価値観が入った概念ですから。一方向に進化するだけではなく、いろいろな方向に「変化」すると考えたほうがいい。

　僕が好きな時計の世界でも、メカは複雑なほうが高度だと誤解されがちです。でも、**同じ機能ならメカはシンプルなほうがいい。**一見、原始的に見えるシンプルなメカが、実はいちばん進化した形態だったりするんですよ。

真鍋　メカと進化、生き物も結構共通することがありますね。メカはシンプルなほうが修理がしやすかったりするじゃないですか、エラーが起こりにくい。

山田　消費するエネルギーも少なくてすみます。

真鍋　そのほうが、デザインとしては美しいわけですよね。動物でも、病気になりました、怪我をしましたというときに、治りやすいほうが絶対にサバイバル率が高いんですよ。だから、シンプルで自然治癒しやすいほうが絶対に有利なはずです。

　あとは例えば、哺乳類や鳥類のほうが体温を一定に保てて、爬虫類なんかより絶対有利なはずなんだけど、だったら、爬虫類、両生類、魚類がなぜ滅びないのかというと、それなりの理由があるわけです。

恒温動物は常に体温を高くキープするためにたくさん食べなくちゃいけない。でも、太陽任せで、夜寒くなったら寝ちゃいましょうという変温動物のほうが、食べる量が少なくてすむ、わずかな餌で生き延びることができる。考えようによってはそのほうが省エネで、サバイバル率が高いんですよね。

恐竜は子育てもしていたし、賢かったし、あれだけ繁栄していた。その恐竜が滅びてしまったのに、なぜヘビとかトカゲとかワニとかが生き延びられたのか。それは賢さではありません。**いざとなると単純なほうが有利。**重厚長大なやつほど不利になってしまうようです。

始祖鳥（左）と現生鳥類（右）の
尾椎の有無と骨盤の幅▶

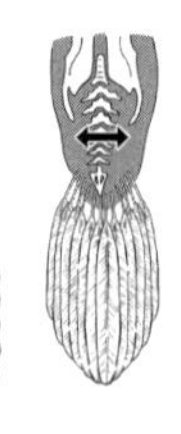

が必要なくなったと考えられている。重い尾を持たなくて済むようになった鳥類は、その分、骨盤の幅を広げることができ、大きな直径の卵を産むことができるようになった。大きな卵であれば、大きなヒナがふ化できるので、その後のサバイバル率を上げることができただろう。

オビラプトル類などの恐竜の卵には細長いものがある。これは骨盤が狭いので、直径を大きくできない代わりに細長い卵を産むことで、ヒナを大きくできる効果があったと考えられている。

ふ化

現生鳥類は爬虫類に比べると大きな卵を産むが、ふ化にかかる時間は11日から85日程度と短い。現生爬虫類と鳥類の間に位置づけられる恐竜のふ化期間はどうだったのか？

これまでは全くわからないとされていたが、2017年に、まだふ化する前の個体の歯の微細構造から推定する方法が提案された。それによると、歯の象牙質の中にエブネル腺と呼ばれる層状構造が観察できることがあり、そこから卵の中にいた、ふ化までの期間を推定するというものだ。これによると、恐竜の卵は2.8ヶ月から5.8ヶ月と、ふ化に現生爬虫類のように長期間かかっていたらしいという。卵の中での成長期間を短くすることは、鳥類のサバイバル率を上げることに貢献したと考えられる。上記の推定値が正しければ、ふ化までの期間が短縮されるようになったのは、恐竜の段階ではなく、鳥類になってからだったようだ。

【恐竜から鳥類への生物学】

成長

木の年輪のような成長停止線を数えることで、恐竜の死亡年齢を推定することができる。

もうひとつ成長停止線からわかることは、成長率の変化である。停止線と停止線の間隔が一定であれば、毎年、同じ割合で成長したことがわかる。

ティラノサウルスの「スー」は28歳で死亡したが、成長停止線の間隔の変化から、10歳代に成長期があったこと、ほぼ20歳で成長が停止していたことがわかった。停止線の間隔から体重の増加を推定すると、1年間に2～3tくらい急激に体重が増加した成長期が数年あったらしいことがわかった（1日で2kg以上も成長した計算になる）。

もともとは小型獣脚類だったティラノサウルス類がティラノサウルス属やタルボサウルス属のような大型恐竜になれたのは、このような成長期があったためらしい。

恐竜と鳥類の尾の長さと卵の大きさ

恐竜が出現する前の爬虫類は四足歩行が基本だったが、最初の恐竜は二足歩行になったと考えられている。二足歩行の場合、体の前端の重い頭部と、後端の尾がヤジロベエのようにバランスを取る必要があった。鳥類も陸上では二足歩行だが、尾は尾羽だけで骨はない。

鳥類は陸上で歩くときには頭を前に突き出すのではなく、長くて柔軟な首を使って頭骨を胴体の上に保持するようにするため、重い尾

講義3時限目

そもそも恐竜って、どんな生き物？

撮影協力：国立科学博物館

恐竜は何種いる？

恐竜の仲間は大きくふたつ、竜盤類と鳥盤類

山田　先ほど、恐竜研究の歴史の中で1887年に恐竜が大きくふたつの種類に分けられたというお話がありましたけれど（49ページ参照）、恐竜の図鑑を見ると、まず大きな括りに「竜盤類」と「鳥盤類」というのがありますよね。このふたつの括りがずっと続いているということですか？

真鍋　そうなんです。

　まず、こちらの図（下図）を見てください。これは恐竜の骨盤なんですが、「恥骨」という骨が前のほうに出っ張っているのと、坐骨と並んで後ろ向きになっているものとがあるでしょう。恥骨が前、または斜め下に出っ張っていることは、ワニとかトカゲなど普通の爬虫類の基本形なんです。それに対して恥骨が後ろにいっているのは、今の動物で言うと鳥に近い形です。

　恐竜の化石はこのどちらかのタイプに分けられるということに気がついたのが、イギリスの古生物学者ハリー・シーリーです。彼が、**爬虫類型の骨盤を持ってい**

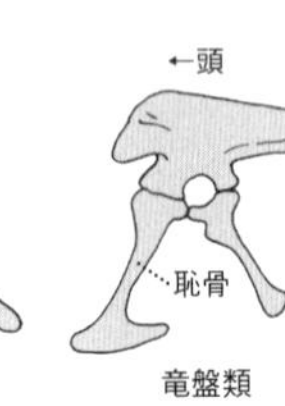

竜盤類の骨盤
恥骨が前または下向きに伸びている。ほかの多くの爬虫類と似た形。

鳥盤類の骨盤
恥骨が前後に伸び、後ろ向きになったほうが坐骨に沿っている。鳥に似た形。

るグループを、骨盤の「盤」にトカゲを表す「竜」をつけて「竜盤類」、鳥に近い骨盤を持っているグループを「鳥盤類」と呼びましょうと提唱したんです。

山田　そうそう、シーリーでしたね。恐竜をふたつに分けた男！

真鍋　さまざまな恐竜がいる中で、骨盤の形できれいにふたつに分けられることに気がついた。非常に冴（さ）えた着眼点だと思うんですよ。しかもこの分類が今日までずっと使われ続けているわけですからね。

ただ、困ったことが出てきたんです。先日も恐竜好きの子どもの保護者の方から質問を受けたんですけれど、今の人たちは先ほど話に出た「恐竜は絶滅していない」「鳥に進化している」と言われていることは百もご存じなんです。だから「竜盤類から鳥類が進化してきたなんて、納得がいかない」とおっしゃるんですね。

要するに、骨盤が鳥に似ている「鳥盤類」の恐竜が素直に鳥に進化していれば話は簡単なんですけれど、**鳥盤類から鳥に進化した恐竜はいない**んです。「竜盤類だけが鳥になった」というのはおかしい、というわけです。

山田　全く同感です。僕もこれだけはどうしても納得できません。骨盤が鳥に似ていると言っておきながら、それはないだろうって感じです。

真鍋　そうなんですけれど、シーリーの時代はまだ「恐竜が鳥に進化していく」

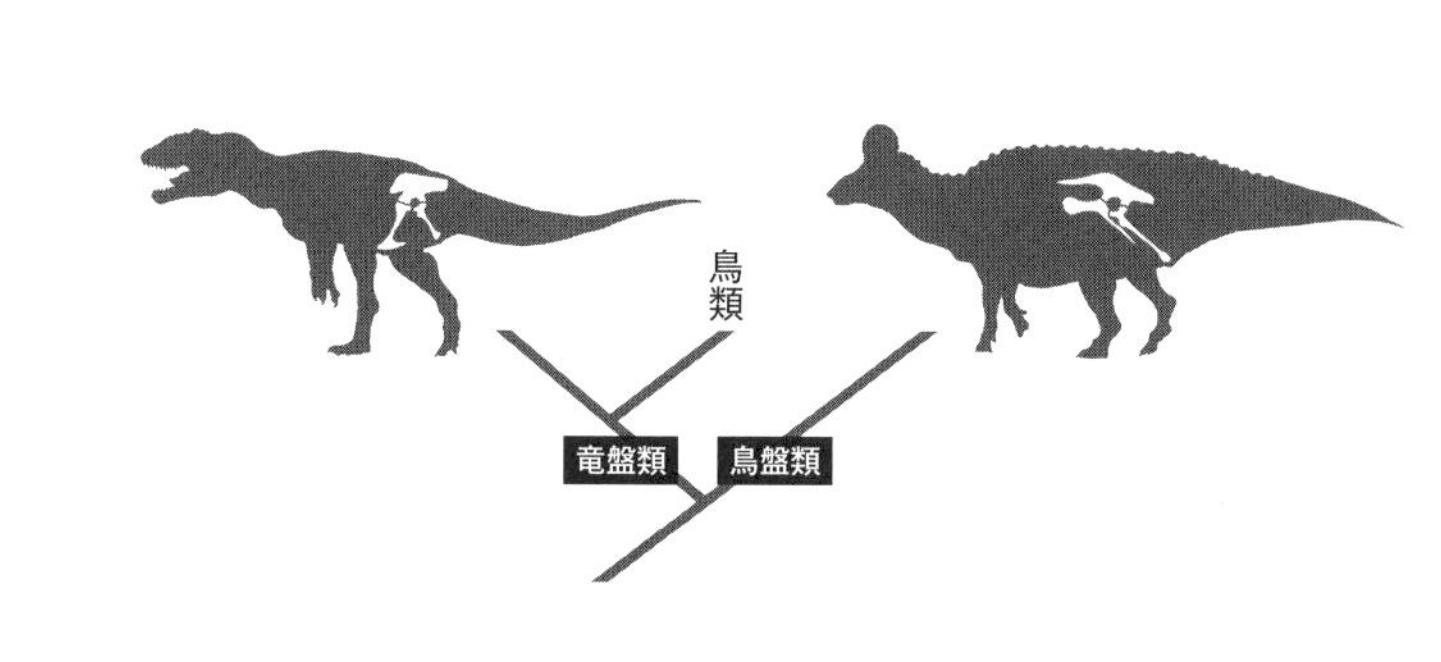

ことを主張していた人はごく少数、ほとんど知られていない説だったかもしれません。シーリーにしてみれば、見たままを言ったまでなんです。

しかも、**そもそもこの分類は「恐竜」という括りをつぶそうとして、発表した**ものなんですよ。「恐竜、恐竜とひとまとめにしているけれど、これほど骨盤の形が違うものを、ひとつのグループと考えるのはおかしいんじゃないか」「これらはそもそも起源が別なのではないのか。（骨盤だけかもしれませんが）爬虫類的なものと言えるものと、鳥に似た骨盤を持つものを、いっしょくたにするのは間違っている」というわけです。

しかもシーリーという人は、ダーウィンの進化論にも反対していましたから、一部の人が言い出した「鳥に進化する」ということも信じていなかったでしょうし、それを主張するつもりもなかった。でも結果的に「恐竜」という分類をつぶすことはできず、竜盤類・鳥盤類という分類だけが採用されて現代に至っている。この人が生き返って今のこの状況を見たら、きっと悔しがるでしょうね（笑）。

山田　事情はわかりましたが、なぜ骨盤の形がより鳥に近い鳥盤類ではなく、より遠い竜盤類のほうが鳥に進化したのかという根本的な疑問はまだ解消されていませんよ。

真鍋　デイノニクスとかミクロラプトルとか、竜盤類で鳥に近くなっていく恐竜を見ていると、恥骨が後ろのほうを向いてくるんですよ。真下や後ろを向くようになってきて、鳥の骨盤に似てきます。だから、恥骨が後ろを向いているというのは鳥盤類で起こっていますが、竜盤類の中でも鳥に進化する過程で出てきているんです。

山田　いや、それはいいんです。竜盤類が鳥になったことに文句を言ってるわけではありません。今、引っかかっているのは**「じゃあなんで鳥盤類は鳥にならなかったのか」**ってことなんですよ。骨盤の形は鳥に近かったはずなのに、なんでこいつらは鳥にならなかったのか。

鳥に進化したのは竜盤類

真鍋　そうですよね、みなさんそうおっしゃる。そのお気持ちはわかります。ただ、**鳥盤類が鳥に似ているのは骨盤だけ**なんです。竜盤類のほうはせっせと羽毛を作ったり、翼を作ったり、それから手首の動きで翼を広げたり、たたんだりするようになって、羽ばたくことを始めた。そうやって竜盤類はどんどん鳥らしい特徴を取り入れて進化していくんですよ。

鳥盤類にはそういう工夫が全くない。強いて言えば、骨盤を鳥に似せた時点で鳥に似るのをやめちゃったというか(笑)。

山田　だとすると、鳥になるための最も大事なポイントってなんですか?

真鍋　やっぱり翼でしょうね。

先ほど恐竜研究のエポック・メイキングな話でも出てきたデイノニクスですが、この恐竜を研究していた古生物学者ジョン・オストロムは、「デイノニクスの手首の形はほかの恐竜と明らかに違っている。きっとこれは手首の動かし方が違うのだろう」ということに気がつくんです。

ものをつかむとき普通は手首を上下に動かすのが基本なのですが、**デイノニクスのように鳥に近いと思われる恐竜たちはもちろん上下にも動かしますが、左右にも動かせる**ようになっているんです。その特徴は、鳥と一緒ではないかと気がつくんですね。

では、鳥はなぜ手首を左右に動かすのか。彼らはもう手を手としては使っていません。カギツメもなくなっていますし、もちろん、ものをつかむこともありません。左右に動かすのは、翼をたたんだり、広げたりするためです。

つまり、もともと上下にしか動かせなかった手首を横にも動かせるようになって翼を持つようになった。その後、恥骨も後ろを向くように変化してさらに鳥らしくなり、始祖鳥のような形を経て鳥になっていったと考えられるんです。

山田　つまり、**鳥になっていく決め手は、手首の動かし方**ということですね。

真鍋　少し話が脱線しますが、その話で思い出すのが、映画『ジュラシック・パーク』の第一作目のシーン。ご覧になった方ならご存じだと思いますが、子どもたちが調理室に逃げ込むシーンがあるんです。追いかけてきた恐竜がガラス越しに中をのぞいて子どもたちに気がつき、中に入ってこようとする。そのときに恐竜好きな子が（これを言っちゃうと「お前、本当に恐竜好きかよ」ってことになるんですけれど）、恐竜の手は上下にしか動かないからドアノブが回せないって思うんですね。それでひと安心するんですけれど、ヴェロキラプトルたちは手首が左右に回るのでドアノブが回せちゃう。ドアノブを回して入ってくるわけです。

ちなみにあの映画で一躍有名になったヴェロキラプトルは、実際は映画に出てくるものよりも小ぶりの恐竜で、本当のモデルはデイノニクスです。映画の公開は1993年ですが、元になったのはマイケル・クライトンが1990年に出版した小説です。当時はまだ「羽毛恐竜」は見つかっていませんでしたが、クライトンは徹底的に取材をして、オストロムの説をうまく使ったんですね。

ヴェロキラプトル
Velociraptor
《素早い泥棒》
白亜紀後期の獣脚類。後ろあしに大きなカギツメを具える。デイノニクスよりも小柄で、全長約2m。羽毛そのものは発見されていないが、尺骨に風切羽が生えていた痕跡が確認できる。

山田　なるほど、そこがクライトンのうまいところですね。

真鍋　それから、これはこの映画の演出上のうまさだと思いますが、調理室の中に子どもたちがいる、獲物がいるとわかったときに鼻息をふっと吹きかけるんです。するとガラスが曇るわけですね。恐竜は冷血動物ではなく温血動物なのではないかという説を取り入れて、体温が高いことも示しているんです。実にうまい演出です。

話が逸れましたが、つまり手首が左右に動かせる、羽ばたけるというところが、鳥に近づいていくための大きな出来事のひとつでしょうね。

恐竜は大きく分けて5グループ

山田　よくわかりました。でも、またしても話を蒸し返すことになりますが、鳥盤類は骨盤しか鳥に似ておらず、しかも鳥に進化するポイントは骨盤ではなく手首にあったとなると、**そもそもシーリーが骨盤の形で恐竜をふたつに分けたことには意味があったのだろうか**という新たな疑問がわいてきます。この分類、必要ですか？

真鍋　もちろんです。恐竜をまずふたつの仲間に大きく分類できるというのは、非常に魅力的なことなんです。恐竜にはさまざまな種類がいるわけですが、まずはそれを骨盤の形でざっくりふたつに分けてしまう。その上で、それぞれを詳しく見ると進化して分かれていった道筋が見えてくる。非常に有用です。だから使われ続けているんです。

山田　なるほど。**骨盤の形で分ける分類は、今でも役に立っている**んですね。

真鍋　確実に役に立っていますね。例えば図鑑を作るときにもまず【竜盤類】と【鳥盤類】を分けます。

そして【竜盤類】をティラノサウルスのような肉食二足歩行の「獣脚類」と、アパトサウルスのように首と尻尾が長い草食四足歩行の「竜脚形類」の2グループに分けます。

一方、【鳥盤類】のほうはすべて草食恐竜なんですが、こちらはもっとさまざまな展開があって、大きく3グループ。もっと細かく分けるなら5グループの特徴的な恐竜がいます。まずはステゴサウルスのように背中に板をつけた「剣竜類」とアンキロサウルスのように体に鎧をまとった「鎧竜類」、このふたつをまとめて「装盾類」と言います。次にイグアノドンとかマイアサウラのような二足歩行の草食恐竜は「鳥脚類」。3つ目はトリケラトプスのように首の周りのフリルと

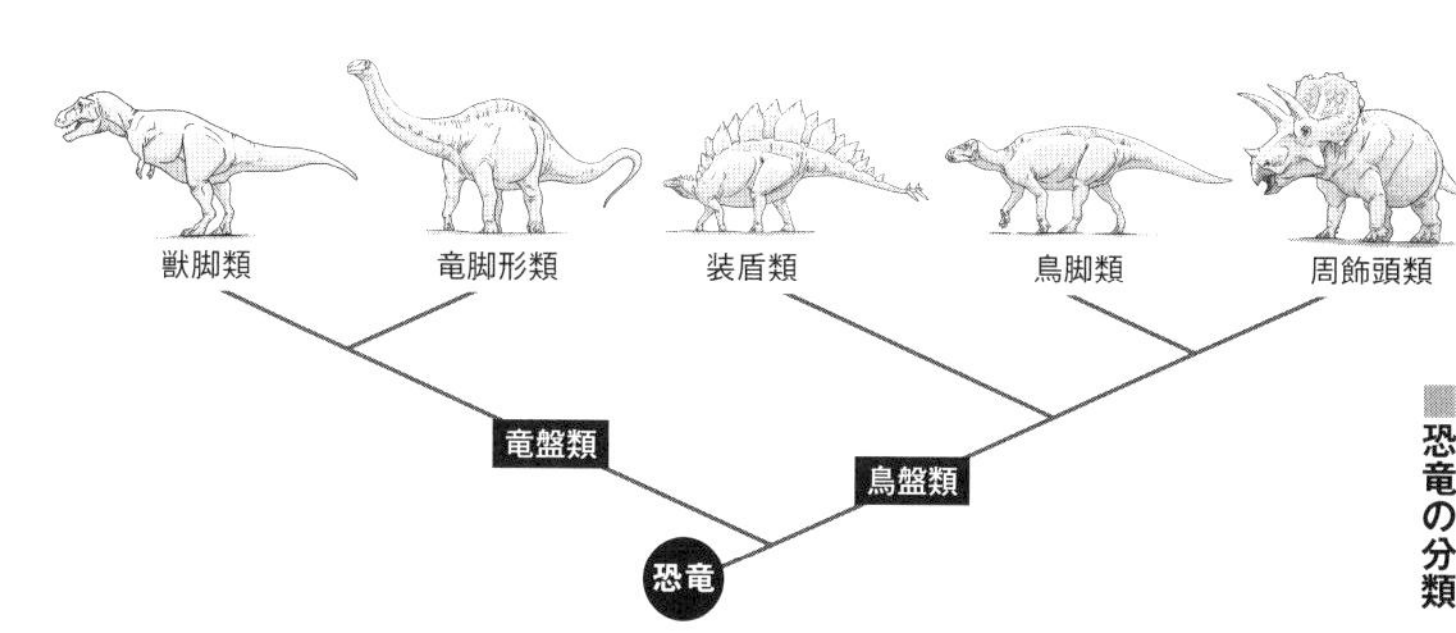

■恐竜の分類

角が特徴的な［角竜類］とパキケファロサウルスのような［堅頭竜類］を合わせて「周飾頭類」。こんなふうに、竜盤類と鳥盤類という基準を使うとすっきり分けられて非常に便利なんです（詳細は38〜39ページ参照）。

山田　だとすれば、**「鳥盤類」という呼び名を変えてはいかがでしょうか。**なまじ「鳥」という言葉が入っているから、紛らわしいわけですよ。竜盤類と鳥盤類ではなく、例えば前恥骨類と後恥骨類にするとか。

真鍋　それも一理あるんですが、実は恥骨の向きが前や後ろとはっきり言い切れない種類もあって、しっくりはまる名称がないんです。

それに、分類学ってすごく保守的なんですよ。新しい発見があるたびに変更していたら、分類が混乱してしまう。だから、研究が進んで始祖鳥を最初の鳥とは呼べなくなってきた今でも、結局は「歴史的に始祖鳥で区切ってきたのだから、このまま始祖鳥を区切りにしましょう」という話で落ち着いているわけです。

それと同様に、約130年間ずっと恐竜たちを竜盤類・鳥盤類で分けてきたのだし、鳥盤類の骨盤が鳥に似ているという事実は変わらない。ただ、**「鳥に似た骨盤をしているのに鳥には進化しなかっただけ」**ですから、そのままでいいだろうということなんです。

山田　でもこの問題は、**世界中の親が子どもに恐竜を説明するときの最大の難関**になっていると思うんですよ。「鳥盤類の骨盤のほうが鳥に近いのになぜ鳥にならなかったの？」と聞かれて、「鳥になるポイントは骨盤の形じゃなくて、手首が横に動かせるかどうかなんだよ」と答えても、「だったら鳥盤類なんて呼ばなければよかったのに」と言われれば、ぐうの音も出なくなってしまいます。

真鍋　僕が見ている限り、子どもたちは結構「鳥盤類は鳥にならなかった。竜盤類から鳥に進化していった」という図鑑の説明を読んで、それをそのまま知識として素直に吸収していますよ。

山田　え、本当ですか？　子どもたちはそこに疑問を持たないんだ！

真鍋　持たないようですね。でも、大人のみなさんからはほぼ毎回「鳥盤類は恥骨が後ろに向いていていてそれが今の鳥に似ているから鳥盤類という名前がついたんですよね。でも、なんでそこから鳥に進化しないんですか」って質問されるんです。

ついこの間も小学生の子どものお母さんから「なんでそういう紛らわしい名前をつけるんですか」と詰問されたばかりです。ここにこだわるのはほぼ親たち、大人たちですね。

山田　なるほど。**名称にとらわれるのは、大人の悪い癖**なんですね。でも、爬虫類か恐竜かを判断する決め手は骨盤に穴があるかどうかなのに、鳥への進化に関しては骨盤の形は気にするなというのも、なんか納得いかないなぁ。でも、わかりました。子どもの素直さを見習って、骨盤問題に関してはこのへんでひとまず手を打ちましょう（笑）。

真鍋　せっかく分類の話が落ち着いたところなのに恐縮ですが、実は2017年に発表された最近の研究で、**これまでの竜盤類、鳥盤類という分け方は違っていたのではないかという説**も出ているんです。

山田　え～!?　そうやってネタを小出しにするの、やめてくださいよ（笑）。で、その最近の学説は、なんと言い出しているんですか。

真鍋　それについてはのちほど最新研究のところでご説明します（198ページ参照）。まずは、恐竜はどういう生き物かという話を続けましょうか。

恐竜の名前は誰がつける？

山田　では、名前の話に戻りましょう。僕らが子どものころは「チラノサウルス」でしたが、今は「ティラノサウルス」で、「Tレックス」と呼んだりしています。

真鍋　そうでした、昔は「チラノ」でしたね（笑）。最初に、現在認めてよさそうだと思える学名のついている恐竜は約1000種、毎年新たな学名がつけられる新種の恐竜が平均50数種ぐらいいるというお話をしましたよね（14ページ参照）。

山田　1000種ぐらいなら、恐竜好きの熱心な子どもなら全部覚えてしまえるくらいの数ですね。

真鍋　今ならまだ覚えられる量だと思いますよ。それで、この学名なんですが、山田さんもご存じのように**正式な学名は基本的にラテン語で、「属名」＋「種小名」の二名法で表されます**よね。

例えば、パキケファロサウルス科で一番大きな種の正式な学名は、「パキケファロサウルス・ワイオミンゲンシス」。「パキ（堅い・厚い）ケファロ（頭）サウルス（トカゲ）」の部分が「属名」、「ワイオミンゲンシス」が「種小名」で、アメリカのワイオミング州にある白亜紀の地層から見つかったことから名づけられています。

ただ、恐竜の多くは一属に一種しかいないので、図鑑の恐竜のほとんどが属名だけで紹介されています。「ティラノサウルス・レックス」だけ、正式な学名を「Tレックス」と愛称化した形で定着しましたが、これは映画『ジュラシック・パーク』の影響でしょう。意味は「ティラノ（暴君）サウルス（とかげ）」＋「レックス（王）」です。

山田　『ジュラシック・パーク』以前にも、Tレックスというロックバンドがありましたよね。

恐竜の命名権は誰にあるんですか？

真鍋　基本的には新種の恐竜を見つけて論文を発表した人がつけますが、属名が既存のものに分類される場合は、種小名だけ新しく名づけます。属名はその恐竜の特徴を名前にしたもの、種小名は発見した場所や人、研究した人の名前などがつけられることが多いですね。

山田　ということは、「フタバスズキリュウ」は種小名？

真鍋　あれはもともとは標本に対する愛称だったのですが、今では学名の日本語訳である和名として使われています。日本では有名な首長竜で、長い間「フタバスズキリュウ」の名で親しまれてきましたよね。

　発見された1968年から38年後の2006年、ようやく新属新種として正式に認められ、*Futabasaurus suzukii*（フタバサウルス・スズキイ）という学名がついたんですよ。当時高校生だった発見者の鈴木直（ただし）さんと、発見された双葉層群という地層にちなんだ名前です。

山田　そういうウンチク、子どもが得意になって披露しそうですよね。**「トリケラトプス」は「トリ(三つ)ケラト(角のある)オプス(顔)」**って意味なんだよ、とか、**「ヴェロキラプトル」は「ヴェロキ(すばやい)ラプトル(泥棒)」**って意味だよ、とか。親は「うちの子、天才かも」なんて喜んだりして(笑)。

真鍋　恐竜に夢中になるのもポケモンに夢中になるのも、子ども的には大差ないのだと思いますけれど、子どもが恐竜に夢中になるのを親が応援してくれるのは、〝勉強している感〟があるからかもしれないですね(笑)。

恐竜の生態

恐竜が巨大化したわけ

山田　恐竜の大型化は、三畳紀にはすでに始まっていたというお話でしたよね。

真鍋　三畳紀中期に現れた最初の恐竜たちは、**基本的には「二足歩行」「肉食」**の恐竜だったと考えられています。最初は体も小さかったんですよ。それが、植物を食べることを始めた。**草食という食性を獲得したことで大きな体になっていく**

んです。

山田　植物資源は量も豊富ですし、動物と違って逃げたりもしませんからね。**植物を食べるほうが食いっぱぐれる心配は少ない**わけだ。現代の動物界でも大部分が草食動物で、生態系の頂点にいる肉食動物はごく一部ですもんね。

真鍋　そうなんです。植物を食べることができれば、それだけ生存に有利ですよね。でも、プラテオサウルスといった初期の草食恐竜は、まだ植物食に適した歯を持っていません。肉よりも硬くて消化の難しい植物繊維を分解して栄養にするためには、長い腸が必要だったのではないかと考えられています。

山田　**そこで長い腸を収めるために大きな体が必要になってくる**というわけですね。

真鍋　プラテオサウルスは、後に巨大な体を獲得していく竜脚類の仲間の恐竜です。体が大きくなって植物という新しい資源をうまく消化できるようになれば生存に有利ですから、どんどん大きな草食恐竜が現れます。それを襲う肉食恐竜の中からも大きなものが出てくる。そうやって大型化が進んでいったと考えられるんです。

　大型化が進めば、2本のあしで体重を支えるよりも4本のあしで支えたほうが

プラテオサウルス
Plateosaurus
《平らなトカゲ》
三畳紀後期の古竜脚類。最初期の大型草食恐竜で二足歩行だが、四足歩行もしたとされる。全長約7～9m。

効率がいい。それで**四足歩行に先祖返りするやつが出てくる**。そんな流れだったと思うんですね。

山田　それにしても、ばかでかいですよね。現在陸上にいる大型哺乳類で一番大きなゾウだって、あんなに大きくはなりませんよ。なぜそこまで大きくなる必要があったのか、そこが不思議でなりません。

真鍋　ひとつの理由として、**恐竜を含む爬虫類は成長が止まらない**んです。健康で長生きしさえすれば大きくなり続けるわけです。

我々人間もそうですが、哺乳類や鳥類は性的に成熟すると成長が止まるようにできていて、余計な成長はしません。次世代を産めるようになったら、成長にはエネルギーを使わないわけです。ある意味、省エネになっているんですね。

山田　人間が80歳まで生きたとしても体の大きさは18歳ぐらいで止まっているのに対して、恐竜たちはズルズル成長し続けるということですね。

真鍋　そうなんです。そこが哺乳類とは大きく違います。ですから、哺乳類ならこの種の最大値はこのくらいだということがわかるので大きさの括りもしやすいんですが、恐竜の場合はそういうわけにはいかない。

もしも3mぐらいの人間がいたらこれはもう巨人だろう、ホモ・サピエンスとは別種の可能性が高いことがすぐわかります。でも、**恐竜に関してはその種がどこまで大きくなれたのかがわからない。**見たこともない大きな化石が見つかっても別種とは限らず、もしかするとたまたま長生きなやつがいただけかもしれないわけです。そういう面もあって、いろいろと誤差の範囲が広くなってしまうんですよ。

歯は死ぬまで生え替わる

真鍋　成長が止まらないのは、体の大きさだけではないんです。これは爬虫類全般の性質でもあるんですが、**取っ替え引っ替え歯を作って、どんどん生え替わっているんです。**

山田　へえ、サメみたいですね。

真鍋　そうです、サメと同じ原始的なパターンです。ただ、一度にたくさんの歯がなくなると不便ですから、いっぺんに生え替わることのないように、あごの中の位置によって順番に生え替わり続けるのが基本です。

一方、乳歯と永久歯が明確に異なり、乳歯だけが生え替わって永久歯はずっと使い続けるという方法は哺乳類になって始まったことなんです。なぜ生え替わりをやめたのかというと、歯のようなものを作るのはエネルギーコストがかかります。体が成熟したら成長を止めるのと同じ理由で、エネルギーの無駄遣いをしなくなった、省エネにしたんだと説明されています。

山田　だけど、歯はすり減るじゃないですか。生え替わるのをやめないで、ある程度使ったら次の歯が生えてくる仕組みは、残しておいてほしかったなと思いますよ。

真鍋　確かに次々歯が出てきてくれれば、虫歯になろうと歯が折れてしまおうと困らないので便利なんですが、生えそろうまでかみ合わせが悪くて食事がしづらくなります。特に**恐竜のように生え替わり続ける歯の場合、常に上下のかみ合わせが悪い状態で食事をすることになってしまいます。**

　哺乳類のように一度しか生え替わらない歯は不便そうなのですが、一度かみ合わせが決まってしまうと、一生使い続けることができる、しっかり噛んで食事ができるというのが強みだと言われているんです。

　それに、哺乳類の場合は臼歯や切歯（門歯）といった形の違う歯があって、それぞれ役割分担をしていますよね。僕たち人間は雑食ですが、肉を切り裂くときには犬歯を使う、ほじほじするときは前歯を使う、よく噛むときには奥歯を使うというように使い分けができますが、それも哺乳類になって進化したことなんです。恐竜の歯にはそういう違いがあまりない。それは一生成長し続けることと関係しているんだと思うんですけれど、**恐竜の段階では、同じ形の歯がただずっと生え替わり続けるだけ**なんです。

山田　なるほど。

真鍋　ただ、ティラノサウルスのように肉を食べている分には、多少かみ合わせが悪くなってもあまり関係ないんですが、草食恐竜の場合は硬い植物繊維を砕く必要がありますから、それでは困るわけです。

　進化した草食恐竜、マイアサウラやエドモントサウルスなどのハドロサウルス類になると、生え替わるのは生え替わるんですが、ちゃんと歯並びがいいように工夫されていて、かみ合わせが悪いようなことが起こらないようになっている。感心するほど、うまくできているんですよ。

肉食の歯──ティラノサウルス

山田　草食のやつらが歯にどんな工夫を施したのかをうかがう前に、まずは進化の順に沿って肉食の歯の特徴からうかがいましょう。

肉食恐竜と言えば、ティラノサウルス。この口と歯のでかいこと！　歯の裏側に洋食の肉切りナイフのような細かいギザギザがあるのが特徴なんですよね。この歯で咬みついて、肉を切り裂いていたわけだ。

真鍋　ティラノサウルスの場合、2年に一度生え替わっていたという説が有力です。化石のあごの内側を見ると大きな歯の内側には次の歯ができていて、生え替わるのを待っているんですよ。

ティラノサウルスの歯を見ると、先のほうが黒く、根元のほうが茶色く色分けされているものが多いです。もともとは全部白かったはずなんですが、埋まっている間にいろいろな成分が染み込んで汚れている状態なんです。黒いところはエナメル質でコーティングされている部分。この硬いエナメル質のところで肉を切り裂いていたわけです。コーティングされている部分は、土中から染み込んでいった成分が、コーティングされていない歯根の部分よりも抜けにくいことから、このような色の違いが出てくると考えられています。

このエナメル質部分の断面を顕微鏡で見てみると、二層構造になっているんです。1層の歯もあるんですが、3層になったものはない。それでこれは木の年輪のようなもので、**ティラノサウルスの歯が2年に一度生え替わっていた**ことを示

ティラノサウルスの歯
肉切りナイフのようなギザギザがあり、2年に一度の割合で一生、生え替わり続けたらしい。

写真提供：真鍋 真（国立科学博物館）

すものだとされています。

草食の歯——ディプロドクスとカモノハシ竜

山田　肉食だった恐竜が、植物を消化できる長い腸を収めるために大きくなっていったとうかがいましたが、**歯も植物を食べやすい形に変化していった**わけですね。

真鍋　恐竜は歯が単純にできていますし、原始的な草食恐竜たちは尖った歯をしていました。こういう歯ではバサッと枝に咬みついて熊手みたいにそこから葉っぱをこそげとることしかできなかったと思うんですね。

例えば、アパトサウルスやディプロドクスなどの竜脚類、大型四足歩行の草食恐竜の歯というのは、そんなにしっかりかみ合う形をしていません。削るようにこそげとって、大きな体の中に飲み込んでいく。消化は腸に任せるというスタイルだったんでしょうね。

山田　確かに、こんな歯では植物をすりつぶすなんてことはできませんよね。植物を咬まずに丸飲みしていたら、消化に時間がかかるのも無理はない。だからどんどん腸を長くして、大きな体になっていったと。

国立科学博物館展示室の「アパトサウルス」
写真提供：真鍋 真（国立科学博物館）

草食恐竜の歯
鉛筆のような細長く尖った歯が並び、植物の葉などを削るようにこそげとり、飲み込んでいた。

真鍋　そうなんでしょうね。一方で、パラサウロロフスやマイアサウラなどのハドロサウルス類は敷石状の歯をしています。歯と歯をがっちり組み合わせ、上下何百本もの歯の塊で植物をすりつぶして飲み込みます。植物と一緒に歯の表面もすり減っていきますが、常に新しい歯が下から生えてくる構造になっているんですよ。

デンタルバッテリーと言うんですが、よく見ると今使っている歯、真ん中の歯、一番下の歯が一列に並んで重なっていて、上の歯を一列に面で押し上げながら生えてくるんです。並んだ歯は寄木細工のような構造でロックされていて、**常にかみ合わせの面がきれいにまっすぐそろうよう、工夫されている**んですよ。

山田　トリケラトプスのように、クチバシ型の口を持つやつらはどうしてたんですか？

真鍋　角竜の場合は、クチバシで植物をついばむのですが、口の中にはデンタルバッテリーを持っています。角竜のデンタルバッテリーはハドロサウルス類のと異なっていて、上の歯と下の歯で挟んでチョキチョキ切る構造です。

草食の恐竜たちは、肉食恐竜の歯の隙間を埋めて、かみ合わせの悪い歯をなくした。歯の形や生え替わり方とか、並び方を工夫することによって、植物を効率

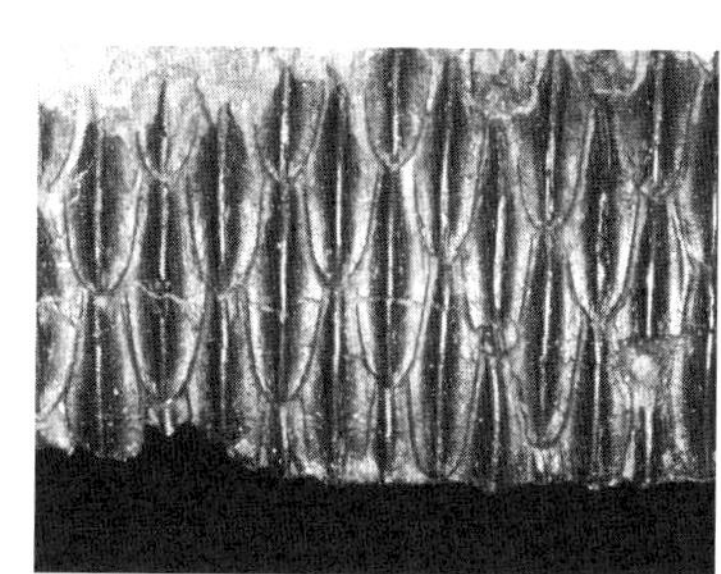

ハドロサウルス類の歯
デンタルバッテリーと呼ばれる歯の貯蔵庫。

写真提供：真鍋 真

よくすりつぶしたり、切り刻んだりできるようになった。そうやって草食恐竜たちはどんどん繁栄していったということなんですね。

山田　こういう歯の進化が始まったのは、いつ頃ですか？

真鍋　**歯の進化そのものは三畳紀から始まっていますが、変化が顕著になってくるのは白亜紀になってから**ですね。ハドロサウルス類やトリケラトプスなどの角竜が出てくるのが、だいたい白亜紀なんです。プレートテクトニクスで白亜紀にどんどん大陸が分化してきて、北アメリカの恐竜とかアジアの恐竜などと言われるような個性が出てきます。それに呼応するようにバラエティーが増えていったようです。

視力、聴覚、嗅覚

山田　歯は化石になって残りますから、研究のしがいがありますね。一方、目とか耳とか鼻とか、そういう恐竜の五感にかかわる研究をされている方もいらっしゃるんですか？

真鍋　皮膚の化石は残ったりしますけれど、基本的に柔らかい肉の部分、脳や内臓、眼球、耳などはもちろん失われていますから、なかなか難しいところですよ

プレートテクトニクス
地球の表面は厚さ100～150㎞の岩盤が十数枚敷きつめられている。それが常に並行移動していて、日本列島の太平洋側では、日本海溝のあたりで太平洋プレートがアジア大陸の下にもぐりこむように動いている。プレートとプレートとの摩擦によって日本では、地震と火山噴火が数多く起こってきた。

ね。でも、化石からわかる情報もかなりあるんです。

山田　例えば目の穴（眼窩）を見れば、視線の方向なんかはわかりますもんね。

真鍋　視力がよかったかどうかまではわかりませんが、例えばティラノサウルスの頭骨を見ると、眼窩が顔の正面にあります。だから両目で獲物を見ていたことは確かですよね。**両目で見るということは立体視ができる**わけですから、獲物までの距離をかなり正確に測ることができたと思います。同じ肉食恐竜でも、ジュラ紀のアロサウルスはどちらかというと横向きに目がついていますから、すべての肉食恐竜が立体視していたわけではないこともわかります。

草食恐竜の場合は、現生の草食動物と同じように目が横についていますから、肉食恐竜の襲撃を早く発見できるように、広く周りを見渡していたんだと思いますよ。

山田　においや音に関してはいかがですか？

真鍋　トランペット状の空洞を持つパラサウロロフスの頭骨からは、この構造を使って音を出していたんだろうと推測ができます。**音を出す構造があるということは、おそらく鳴き声でコミュニケーションをとっていたと考えられます。**

山田さんにもご覧いただいた「恐竜博２０１６」では、パラサウロロフスの大

ティラノサウルスの目

顔正面に目があるので立体視が可能だったと考えられている。そうであったら、獲物との距離を正確に測ることができただろう。

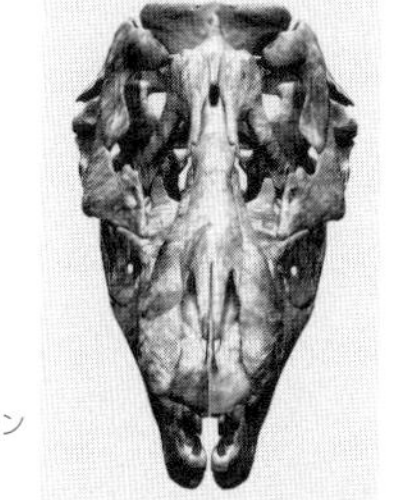

「V×Rダイナソー®」
監修：国立科学博物館（担当：標本資料センター コレクションディレクター 真鍋 真）
製作・著作：凸版印刷株式会社

人と子どもで出す音が違っていたことを聴き比べられるコーナーを作りました。

耳の形についてもご質問が多いのですが、**哺乳類のような突き出た耳があった可能性は低い**です。恐竜の祖先にあたる爬虫類や子孫になる鳥類には耳介がなく、あごのつけ根近くの凹んでいるところあたりに穴が開いているだけですから、おそらく恐竜も似たような構造をしていたと考えられています。

それから、これはティラノサウルスの場合ですが、頭骨の内部構造から脳の形を復元して研究した例がいくつもあります。ティラノサウルスの近縁種では、同様に復元された三半規管の形から聴覚が発達していたらしいことがわかりました。

また、**ティラノサウルスの脳では、においを感じる部分がとても大きい**ことがわかっています。かなり遠くからでも、獲物のにおいを感じることができたのではないかと言われているんですよ。

無駄が多いから面白い

山田　でも恐竜の面白さって、そういう合理的な必要性から生まれたとは思えない無駄な形にあるんじゃないでしょうか。「なんの必要があってこんな形をしてるんだ?」という、無駄な異形性。僕が四足歩行のやつらが好きな理由も、無駄にたくさん角を生やしていたりするからなんですよ。

真鍋　**恐竜が四足歩行になったのは、安定性の高さを選んだっ**てことなんです。今のウマなどにもあてはまるんですが、四足歩行動物の前あしはブレーキの役割をしていて、**前あしに推進力はない**んですよ。四足歩行になると4WDになったみたいに思ってしまいますし、ウマは四本のあしで走っているから速いのだと誤解されがちなんですけれど、実はそうではないんです。四足歩行にしておいたほうが転びにくい、転ばなければ怪我もしにくい。四足歩行で安定性が高いということにはメリットがあるわけです。

山田　四足歩行への進化に合理性があることはわかりますが、**例えばスティラコサウルスは、なんの必要があってフリルにまで何本も角を生やしているのでしょうか？**

真鍋　たぶんほかとは違う特徴を目印にしていたのではないか、というのが今の考え方です。

おそらく白亜紀の恐竜は、同じ面積の中に結構いろいろな種類のものがいたんだと思います。その中で自分と同じ種類の個体を見分ける、**大人か子どもかオスかメスか見分けるニーズがあった**んだと思うんですね。

全長約5.5m

スティラコサウルス
Styracosaurus
（とげのあるえり飾りを持つトカゲ）
白亜紀後期の角竜で頭が大きく、えり飾りには6本の大きな角があった。国立科学博物館に展示されている頭骨はとげが短いことから、子どもではないかと考えられている。

爬虫類の脳の形を見ると嗅覚の部分が発達していますから、基本的ににおいで情報を得る。でも、そのためには近くに寄らないと、オスなのかメスなのか、大人か子どもかがわからない。情報収集に時間がかかるんです。

でもトリケラトプスのように大きな角がドーンとあればすぐに大人、さらにオスかもしれないとわかるならば、話が早いわけです。コミュニケーションに役立つ、無駄にする時間が少なくなる、そういうメリットはあったと思うんですよ。

体の周りに飾りを増やすよりも、身軽にして早く逃げたほうが個体としてのサバイバル率は高くなるのですが……。

山田　一見ゴツゴツしているほうが強そうだけど、実はシンプルな形のほうが強いし便利。なにしろこの鎧、重そうですし、脱げませんからね(笑)。

真鍋　ですから、**サバイバル率のことよりも、種としての繁栄という側面を重視したのでしょう。**

鳥の場合なら、同じ種であるという合図を声や羽毛の色や模様で区別しますよね。体が小さいから森の木々に隠れて姿は見えない。でも、「私は女の子よ、ここにいるわよ」とか「男の子だよ」と声で合図ができる。

山田　そこが疑問なんですよ。**目印なら声や色でも十分なのに、フリルや角を骨**

格レベルで変えるのは、明らかに無駄じゃないですか。

真鍋　作るのだけで大変ですよ。エネルギーコストがかかりますから。

山田　角竜に関しては、以前から疑問だったことがもうひとつあるんですよ。図鑑を見ると、フリルや角の形でさまざまな種類に分けられていますよね。でも、**それは本当に別種なのか、**同じ種類でフリルの形や角の数が違う奇形に過ぎない可能性はないのかという疑問です。特に化石が一体しか出ていない場合、それだけで新種とする決め手はどこにあるのでしょうか。

あと、トリケラトプスの最近の復元画を見ると胴体に模様状のイボがありますけれど、昔はありませんでしたよね？

真鍋　そのイボ、僕たちは「お花模様」って呼んでいるんです。大きなイボの周りを小さなイボが囲んでいるでしょう。ちょうど小さな子どもが描くお花の絵みたいな形にウロコが並んでいることが最近わかったんですよ。

それで、ご質問の変異についてですが、**例えば奇形で角が変な出方をした場合、左右対称にはならないのが普通です。**動物の体は、左右対称であるのが基本です。時にはイッカクの角みたいな歯のように、歯が一本だけニョキッと出ているケースもありますから100％そうとは言い切れないんですけれど、左右きれいに対称になっていれば、変異ではなく、繰り返し出てくる安定性のある特徴の可能性が高くなります。

ただし、その特徴はもしかするとオスとメスの違いかもしれないし、大人と子どもの違いかもしれないので、それで種を分けてしまっていいのか。そこは気をつけないといけないんですが、**たとえそれがおかしな形に見えたとしても、左右対称なら繰り返し出てくる安定した特徴であって、その個体だけの変異とは考えにくいんです。**

ただ、やはり化石に目新しい特徴があれば新種として紹介したい、そういう意図で論文を書いたほうが注目されるんじゃないかと思う心情というか、人間の事情があって、勇み足的に種を増やしがちな傾向がないとも言えませんね。研究者にも増やす派の人とまとめる派の人がいて、こんなのは大人と子ども、オスとメスの違いに過ぎないよねという人もいれば、みんな別種にしちゃう人もいるんですよ。

山田 もしかすると、角竜研究者には増やす派の人が多いのかもしれないですね。僕らが子どもの頃よりも、だいぶ種類が増えているような気がします。

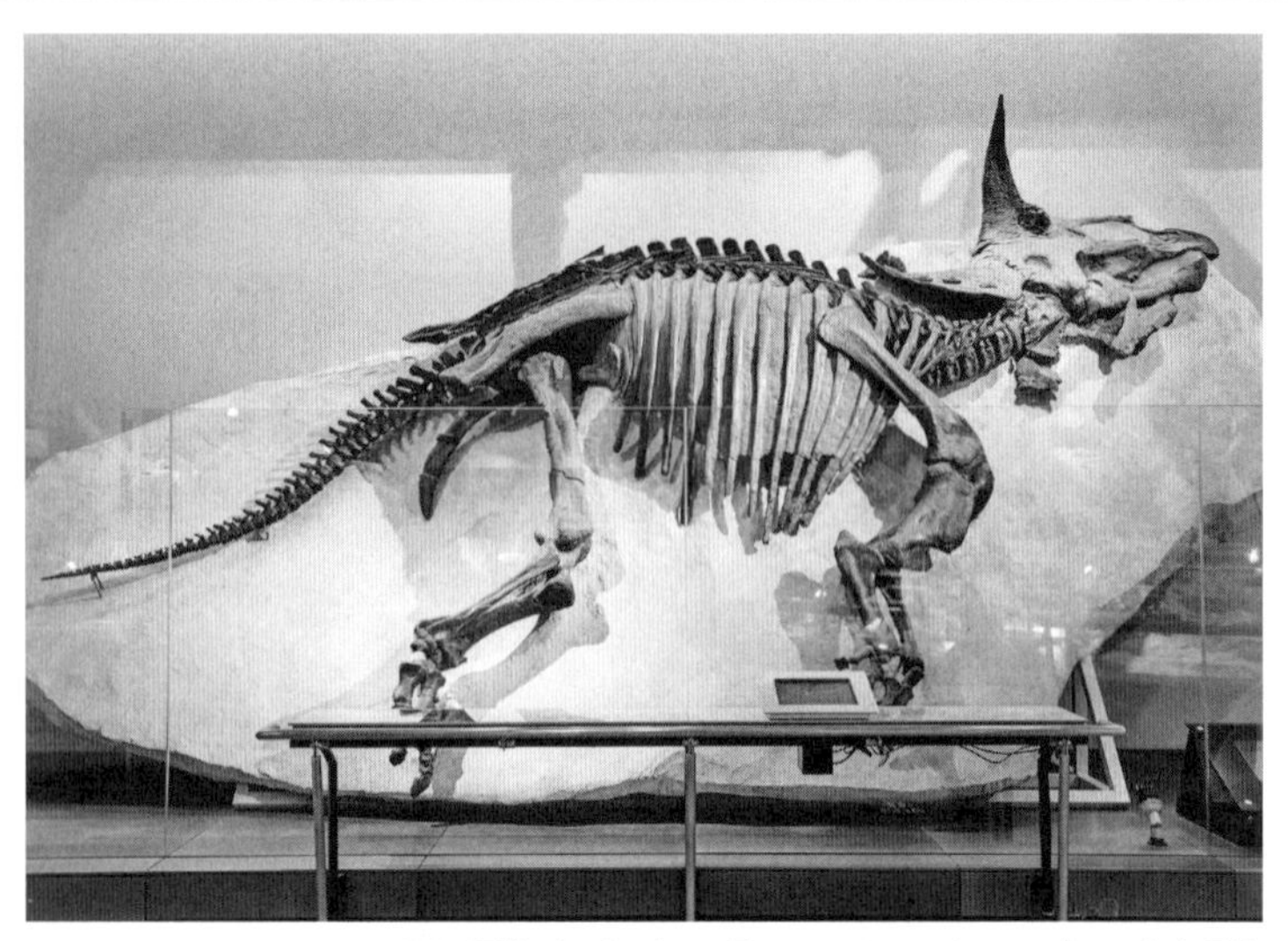

頭と胴体がつながって見つかったトリケラトプスの全身骨格はこれまでに2体。そのうちの1体の実物化石。愛称は「レイモンド」。世界一美しいトリケラトプスだ。

「地球館」地下1階の常設展示室で恐竜談議に花を咲かせる山田さんと真鍋先生。

撮影協力：国立科学博物館

【国立科学博物館の展示室から】

トリケラトプスは肘を突き出していたか、いなかったか？解答を示した世界一美しい全身骨格

トリケラトプスは、腕立て伏せの姿勢で復元されることがある。「恐竜の定義から言って腕立て伏せはあり得ない」としばしば論争の種になってきた。解決の糸口となったのが、関節がつながった状態で見つかった写真の標本だ。

左半身は地上に露出していた間に風化・侵食してしまったが、右半身はきれいに残っている。この標本の研究により、トリケラトプスの前あしは、脇を締めて手の甲を横に向けた「小さく前にならえ」の状態だったことが判明し、肘を横に突き出した、腕立て伏せではなかったことがわかった。この研究成果を取り入れた全身骨格の複製も組み立てられ、白亜紀最大の角竜らしい威風堂々とした姿で、ティラノサウルスと対峙している。

ティラノサウルスのおなかに復元された腹肋骨。横隔膜がない代わり、体全体を使って呼吸をしていた

ティラノサウルスの腹にある薄い板のような骨は「腹肋骨」と言い、原始的な爬虫類が持つ特徴。横隔膜がないため、これで呼吸を補佐しながら、胴体全体を使って呼吸していた。獣脚類は腹肋骨を持ち続けたが、竜脚類、鳥盤類ではその初期に失われていたようだ。鳥盤類がどのように呼吸していたかについては、解明されていない。

また、ブーメラン状につながった胸の叉骨も新しい復元。これが鳥に引き継がれて羽ばたくバネになったと考えられている。なお、展示室のティラノサウルスは、低くしゃがんだ姿勢で対面のトリケラトプスを狙っているが、これは「極端に短い手は立ち上がるときの重心移動に使ったのではないか」という仮説を反映したもの。叉骨に疲労骨折を繰り返している痕跡があったことが、その根拠となっている。

ほかにも、この展示室のパキケファロサウルスは、このグループの中では全身の完全率が最良の標本とされている。巨大なアパトサウルスも全身の大部分が実物化石であるなど、さすが国立と思わせる標本ばかり。恐竜好きにはたまらない空間となっている。

講義4時限目

素朴な疑問

撮影協力：国立科学博物館

恐竜Q&A

ブロントサウルス復活？

山田　ウチの子どもがまだ小さかった頃、一緒に図鑑を見ていて一番ショックを受けたのが、ブロントサウルスがいなくなっていたこと！　どの本を見ても全部アパトサウルスと書かれていて、「嘘だろ、これブロントサウルスだろ」って本当に驚きました（笑）。

真鍋　僕らの子どもの頃は、首と尻尾の長い草食の四足歩行の恐竜といえば、ブロントサウルスでしたからね。大人はブロントサウルスという名前になじんでいるので、竜脚類を説明する際にアパトサウルスと言っても通じないことがあるんです。そういうときは「ブロントサウルスみたいなやつです」って説明すると「ああ、あれですね」ってわかってもらえるんですが、今度は子どもたちに「それは間違っている」って指摘されてしまいます。だから、〝みたいなやつ〟って言ったでしょって言い訳するんですけれど（笑）。

山田　いつからブロントサウルスと呼ばなくなったのですか？

真鍋　アパトサウルスもブロントサウルスも命名したのは同じ研究者、アメリカの古生物学者オスニエル・マーシュなんです。

山田　どっかで聞いた名前ですね。そうだ、恐竜研究の歴史のお話に出てきた「発掘競争」を繰り広げた先生だ（49ページ参照）。でも、あれは確か19世紀末の話でしたよね。

真鍋　今でも新種を命名するというのは名誉なことですし、自分の名前が後世に残るわけですから、新種発見はめでたいことじゃないですか。特にマーシュの場合、コープと競って発掘していたわけですから、どんどん新種を発表したいわけです。先に見つけた者に命名権がありますから、先走って論文を発表してしまいがちで、同じ種に別の学名をつけてしまうことも度々あったようなんです。

1903年にシカゴの自然史博物館の館長が再検討して、アパトサウルスとブロントサウルスにそれほどの違いは見られない。同じ種だと言っていいという趣旨の論文を発表し、「先に発表されていた名前を優先する」という先取権ルールにのっとって、アパトサウルスのほうに吸収合併されてしまいました。

山田　1903年？　明治36年ですよ。僕らの生まれるはるか以前じゃないですか。でも、僕が子どもだった1960年代にはまだブロントサウルスと呼んでいましたよ。

真鍋　研究者の間ではブロントサウルス＝アパトサウルス、だからもうこの名前は使わないようにしましょうという了解があったはずなのですが、一般には知られずにずっと使われ続けてしまいました。

ブロントサウルスという名前の意味は、「ブロント（雷）サウルス（トカゲ）」。日本ではこれを「雷竜（らいりゅう／かみなりりゅう）」と訳して紹介していました。**地響きを立てて大きな恐竜が闊歩しているというイメージに非常に合う名前だったので、ずっとなんとなく使われ続けてしまったみたいなんですね。**アパトサウルスの「アパト（騙す・惑わす）サウルス（トカゲ）」では、あまり強そうには思えなかったからかもしれません。

でも、1990年代になって「これは正式にはアパトサウルスです」ということで、図鑑からブロントサウルスの名前が消えました。

山田　ちょうどウチの子どもと図鑑を眺めていた頃だ。

真鍋　それでもう、このアパトサウルス問題は片づいていたはずなんです。**ところが2016年に新しい論文が発表されて、ブロントサウルスという名称が復活する可能性が出てきたんです。**アパトサウルスだとされていた標本を、よくよく調べてみると、別種と呼んだほうがいいくらい違いがあるものがいました。

その研究グループの人たちは、アパトサウルスの中にふたつぐらいの違う恐竜が混ざってしまっているみたいだから、昔の名前を復活させましょう、ブロントサウルスと呼び直しましょうと主張しています。まだ正式にブロントサウルスが復活したわけではなく、ブロントサウルスと呼んでいる人も出てきたという状況ではあるんですが、**今はもう「ブロントサウルスは消えた」とは言えない状況**になっています。

山田　僕ら世代は復活してくれたほうがうれしいですけどね。そういえば科博にもアパトサウルスが展示されていますが、あれはブロントサウルスとして復活する可能性があるほうのタイプですか？

真鍋　この話をすると、必ずそれを聞かれるんですよね（笑）。

実は、その論文の中には、**アパトサウルスでもブロントサウルスでもない、全く別の学名で呼んだほうがいいのではないかと指摘されている標本がいくつかあるんですけれど、科博のものはその中に入っているんです。**ブロントサウルスでもアパトサウルスでもないと言われてしまうと困るので、「もともとはアパトサウルスと分類されていたものです。今は違うんじゃないかという説もありますが、はっきりするまでアパトサウルスと呼び続けます」ということでお茶を濁しているんです（苦笑）。

山田　いずれにせよ、ざっくり「アパトサウルスの仲間」と呼べる範囲内ではあると。

真鍋　そうですね。そこから逸脱するほどの話ではありません。ただ、ここが面倒くさいところなんですけれど、アパトサウルスとよく似た恐竜にディプロドクスというのがいるんです。アパトサウルスもブロントサウルスも大括りではディプロドクス類に入ってしまっていますから、アパトサウルスでもブロントサウルスでもないとなると、ディプロドクス類と説明するしかないんですよ。

山田　じゃあ、もう、それでいいですよ。「ディプロドクス類」で（笑）。

ティラノサウルスは羽毛かウロコか

真鍋　山田さんは、ティラノサウルスの姿は羽毛とウロコとどっちだったと思いますか？

山田　個人的にはウロコのイメージのままでいたいんですが、今の常識だと羽毛ということになっちゃってますよね。

真鍋　そうなんです。この絵（下図）を見てください。これは**ディロングと言って2003年に命名された中国のティラノサウルス類**です。

山田　これもティラノサウルス類なんですか⁉

真鍋　そうです。ティラノサウルス類だといっても小ぶりで、全長180㎝ぐらい。人間の大人ぐらいの華奢（きゃしゃ）な恐竜です。これが中国で見つかって、骨の特徴、歯の特徴からティラノサウルス類だということがわかったわけですが、驚きなのは羽毛が生えていたことです。ほぼ全身に羽毛が生えていて、**初期のティラノサウルス類は小型の「羽毛恐竜」だった**ということがわかりました。

山田　でかくて強いティラノサウルスのイメージを根底から覆す、がっかりな発見ですね。

真鍋　確かにまあそうなんですけれど、僕にとっては非常にうれしかった発見なんですよ。

山田　どこがですか？　うれしいポイントがわかりません。

真鍋　1990年代、北陸三県と岐阜県に広がる手取（てとり）層群から化石が次々発見された頃の話ですが、福井県と石川県から先の尖った**小さな歯が見つかった**んです。明らかに肉食恐竜の歯なのですが、僕はその**歯の形がティラノサウルスの仲間の**

ディロング
Dilong
《皇帝の竜》
白亜紀前期の獣脚類・ティラノサウルス類。尾と下あごに羽毛の痕跡が残る化石が見つかっている。

全長約1.8m

上あごの前歯にしか出てこない形をしているということに気がつきました。

ただ、ティラノサウルス類が日本の1億3000万年前の地層にいたということは、当時は考えられなかった。確かに歯の形はティラノサウルス類に似ているけれど、まさかそんなことないよねということで、あまり盛り上がらなかったんです。

山田　でも、真鍋さんはティラノサウルス類の歯だと確信なさったんですね。

真鍋　僕はその歯をいろいろなものと比べていって、やっぱりこれはティラノサウルス類の上あごの前歯だと言えるんじゃないかという論文を1999年に発表しました。「ティラノサウルス類の上あごの前歯みたいなものが、日本のこの時代の地層にあります」「ティラノサウルス類はアジアにいた小型の恐竜から進化してきたという仮説がありますが、それを示す証拠なんじゃないでしょうか」という趣旨の論文です。

その数年後、学会で徐星（じょせい）さんという中国の古生物学者と会ったんです。この人は「羽毛恐竜」をバリバリ見つけてすごく有名になった人なんですが、会場の隅に僕を呼んで「これは絶対言っちゃだめだぞ」「お前が正しかったことを俺が証明してやる」ってコソコソ話すんですよ。彼はそのときすでにディロングの全身骨格を見つけていて、ディロングの上あごの前歯の形が日本で出てくるような形をしていたことを確かめたと言うんです。

全身骨格ですから、頭や腰などにもティラノサウルス類の特徴がはっきりと見て取れる、その歯がティラノサウルス類のものであることはもはや疑う余地がない。**小さなティラノサウルス類が1億3000万年前のアジアにいた**、これはもう間違いようがない事実だと言って、さらに続けて「絶対に言っちゃだめだぞ、羽毛が生えているんだ」と教えてくれました。それはすごいねということになって、その後、このディロングがデビューするんです。

山田　それはすごい！　仮説が証明されて万々歳じゃないですか。

真鍋　でもそのうちに、中国でバンバンいい化石が出るようになってきて、日本の化石の注目度が下がってしまいましたけれど(笑)。

それで、ティラノサウルス・レックスの話に戻りますが、ルーツが羽毛恐竜なので、全身に羽毛が生えていてもおかしくはないんです。ただ、体が大きくなってくると、しかも暖かい地球に棲んでいたわけですから、羽毛をまとっているがゆえにオーバーヒートするというリスクがあったかもしれないんですよ。それに山田さんがおっしゃるように、ティラノサウルス・レックスのような大型の肉食

ティラノサウルスの羽毛
ティラノサウルスはどこまで羽毛だったのか、現代の鳥類で卵の中で羽毛が生えてくる順番を参考にした場合、この図のような復元仮説ができた。その後、あるティラノサウルスで首と腰のあたりがウロコだったことがわかった。でも、背中や尾の先は羽毛だったかもしれない。

恐竜は、やっぱりウロコ姿が似合うというイメージもありますから、どこまで羽毛を着せるのが科学的に正しい推定の方法なのかを考えてみたんです。

この図（下図）はニワトリの卵の中で、だんだん羽毛が生えてくる順番を追跡した研究です。観察していくと、**首や脇の下、腰や背中や尻尾、そういうところに最初に羽毛が生えてくるんですよ。**もしも恐竜の羽毛の進化がニワトリの卵の中での羽毛の発生と同じような順番で進むとしたら、ティラノサウルスの体で羽毛を生やすとしたら、まずはこの部分だろうと。

山田　だから最近の復元画では、背中に羽毛が生えてるんですね。

真鍋　**ところが2017年6月に「ティラノ、やっぱりウロコ姿」というニュースが飛び込んできました。**

山田　ええ、あのニュースを聞いたときには、いいかげんにしろって思いましたよ。

真鍋　そうですよね。これはどういうことかというと、あるティラノサウルスの標本の首のところと腰から尻尾のつけ根のところに、つぶつぶのウロコが残っていました。つぶつぶのひとつひとつは1㎜ぐらいですが、やはりティラノサウルスはウロコ姿だったんじゃないかということで、復元画などが全身ウロコの姿に

羽毛の生え方
ニワトリの卵の中で、雛に羽毛が生えてくる様子を観察した研究がある。最初に羽毛が生えてくるのは首や脇の下、そのあとに腰や背中や尻尾という順番となる。

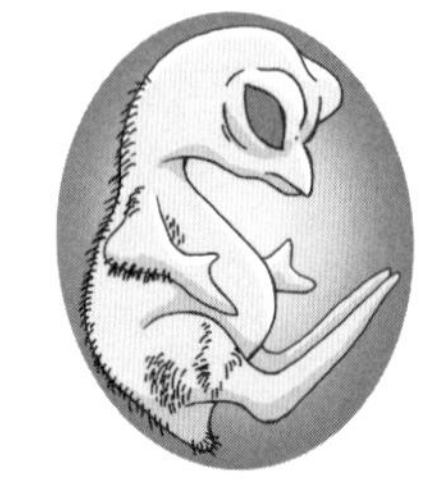

戻され始めたんです。でも僕も往生際が悪くて（笑）、**全身ウロコには戻さないほうがいいですよ**、ということを提案しています。

山田　それはまた、何ゆえに？

真鍋　ティラノサウルスがもともと「羽毛恐竜」としてスタートしたとすれば、首や腰から尻尾のつけ根にあるウロコは、羽毛からウロコに戻すという手間をかけているわけです。皮膚を変化させるというのは、服を着替えるような簡単な話ではありません。ウロコの見つかった首や腰をウロコにするのはいいんです。でも、全身をウロコに戻すというのは、かなりの手間が必要なわけですから、すごく確率が低いことじゃないかと思うんですよ。

山田　一部にウロコが見つかったからといって全身ウロコとは限らないとおっしゃりたいわけですね、真鍋さんは。

真鍋　ええ、そういう往生際の悪いことを言っているんです。でも、この話に関しては結局のところ、一部に羽毛が生えていたとか、逆に全身がウロコだったことがわかるとか、そういういい化石が見つかるまでは決着がつきません。だから、今は一応全身ウロコに戻すのではなくて……、

山田　**背中あたりには羽毛を残しておいたほうがいい？**

真鍋　残しておいたほうがいいんじゃないですかと、僕は思っているんですけれどね。

山田　僕が見たニュースでは、この説のきっかけになった標本は、首と腰、尻尾の周りが細かなウロコで覆われているとありましたが、**化石に皮膚が残っていたんですか？**

真鍋　そうです。先ほども、動物が死ぬとどういうふうに分解するかを調べる研究があるというお話をしましたが（64〜65ページ参照）、内臓や筋肉などの軟組織はどんどん分解されたり食べられたりして、最終的には皮と骨だけになって、皮もいつの間にかなくなります。

　でも、この化石はおそらく骨と皮だけになった状態でそれ以上分解が進まなかったんでしょうね。そして、そのまま自然埋葬されて残った。羽毛つきやウロコつきの化石がたまに見つかるのはそういうケースが多いようです。

山田　**でも、この化石は最近見つかったものではなく、米国の博物館に前からあった標本なんですよね。**なぜ今になって、そんな新発見があったんですか？

真鍋　僕もこれを研究したグループの人たちに改めて聞いてみないといけないと思っているんですけれど、この標本のウロコの一部は実はもっと前に見つかっていたんです。でも、それが体のどこの部位のものかまではわからなかった。その後いろいろと照合してみたら、首にあった確率が高くなり、もっと全身くまなく調べたら、腰と尻尾のところにもウロコのある皮が残っていました、ということだと思います。

僕が全身ウロコ説に賛成できないのは、**今の鳥も体は羽毛ですが、あしはウロコじゃないですか。**だから、一部にウロコがあったからといって、全身がウロコだと考えるのはどうなのかなと思うんですよ。

例えば、この復元画（下図）はクリンダドロメウスといって、体はふさふさしているのに、尻尾はウロコという変な恐竜です。尻尾なんて体の外に突き出ているだけですから、体温を保つという意味ではここに羽毛は必要ないわけです。重要なのはやっぱり胴体をふさふさとした羽毛で覆うということ。一部の恐竜が恒温動物になったとすると、恒温でいるためには胴体部分の体温を保つ仕組みが重要ですから。

山田　ということは、**「ティラノサウルス、やっぱり全身ウロコ」説もまた、二転三転する可能性がある**ということですね……。

わかりました！　**もう恐竜に定説は求めません。**外見も定義も分類も、あらゆ

クリンダドロメウス
Kulindadromeus
《クリンダ（ロシアの地名）の走者》
ジュラ紀の鳥盤類で尻尾はウロコ、体は羽毛。羽毛は竜盤類だけの特徴ではないことを示す化石のひとつ。羽毛が1回しか進化しなかったとしたら、恐竜が竜盤類と鳥盤類に分岐する前に羽毛は出現していなければならない。

る常識を好きなだけ変えていただいてかまいません（笑）。僕らはむしろその変わりっぷりを面白がっていくことにしますから。

真鍋　そこを山田さんのように面白いって言えるかどうかですね。僕としては一歩一歩進化が明らかになっているのだと好意的にとらえていただいて、探求のロマンを感じていただけるとうれしいんですけれど（笑）。

羽毛のルーツはウロコ

山田　羽毛とウロコの話に戻りますが、ヘビのウロコをルーペで見ると、実は羽毛にとてもよく似ていますよね。

真鍋　おっしゃる通りです。

山田　**ウロコをほぐして大きくすれば羽毛になるんじゃないか**ってくらいよく似た構造なんですが、実際はどんな過程を経て羽毛化していったんでしょう。

真鍋　ウロコって平らじゃないですか。そのウロコが盛り上がって、例えばトカゲの首の部分などでギザギザになったり、トゲトゲになったり変化する。盛り上がって尖ったりしたところがバラけて、それがふさふさに変わる。ウロコから羽毛へという過程には、そんな変化が起こったんじゃないかというのが、ひとつの説です。

山田　ウロコにも羽軸的な部分がありますよね。

真鍋　縦筋が入ったそれが盛り上がってきて、やがてバラける。ふさふさし始めて、その中に一本軸ができ、枝葉がついて風切羽(かざきりばね)みたいになるというシミュレーションもされています。つまり、**羽毛はもともとウロコからスタートしている。**ルーツは同じなんです。

山田　見た目は大きく違いますが、構造や質感は意外と近い。爬虫類のウロコを拡大して見れば、魚のウロコより鳥の羽毛のほうに似ていると実感できます。

真鍋　結果的に面白いなと思うのは、やっぱり**「羽毛恐竜」というのは、最初は変なウロコをした一部の恐竜たちに過ぎなかったんだと思うんですよ。**その変なウロコがどんどん羽毛に変化してシェアを伸ばしていったわけです。

では、羽毛にしたことで何がよかったのか。おそらく恐竜がずっと爬虫類として変温動物であり続けたら、羽毛にすることにはあまりメリットがなかったかもしれません。

繰り返しになりますが、恐竜が生きていた頃の温暖な地球であっても、太陽が沈んでしまえば外気温は下がります。そういうときに羽毛、例えるなら一枚のフリースですね。それを着ていれば体温はそんなに下がらずにすみ、**ある程度体温を一定に保てるという利点があった**のではないかと思います。特に小さい種類の恐竜にふさふさとした羽毛が広がっていって、ほかの爬虫類が活発になれない朝や夜などの時間帯に活動できた。活動時間を長くしてシェアを広げていく、個体数を増やしていく、そんなふうにどんどん有利になっていったのだと考えられています。

それともうひとつ、**羽毛には便利な使い方がある**ということ。普通の爬虫類は、オスなのかメスなのかという識別は、近づいてよく観察をしないとわかりません。少し離れたところにメスの個体がいてもなかなか気づきにくいわけです。でも、羽毛に模様や色があったり、羽ばたくなどの動作が目立てば、遠く離れたところにいても「あそこに自分と同じ種類の成熟したメスがいる」ことがわかり、そこに行ってみようという行動につながる。**コミュニケーションもとりやすいし、生殖のチャンスも広がる**。そういう利点が羽毛を発達させることにつながっていったんじゃないかと思います。

日本の恐竜たち

山田　そういえば、日本で一番最初に見つかった恐竜って、なんですか？

真鍋　**一番最初は岩手県の「モシリュウ」です。**首と尻尾の長い竜脚類で、ディプロドクスの仲間です。岩手県岩泉町茂師で見つかったので「モシリュウ」というニックネームで呼ばれています。それが最初で、そのあと各地で見つかるようになったんですよ。

昔は「日本は国土が狭いので、恐竜は見つからない」というのが常識だったのでみんな「日本には恐竜はいない」と諦めていた。ところが、モシリュウが見つかったことによって、「そんなことはないんだ」と気がついて、発見が加速度化したのだと思います。

山田　それがいつ頃の話ですか？

真鍋　**1978年です。**今から40年ほど前ですね。

山田　え、わりと最近じゃないですか。驚きましたね。明治時代ぐらいには見つかっていたものと思っていましたから。あれ？　フタバスズキリュウってそのあとでしたっけ？

真鍋　1968年ですから、こちらは50年前ですよ。

山田　あ、そうか！　**首長竜は恐竜ではないんでしたよね。**

「モシリュウ」
1978年に岩手県岩泉町の茂師で上腕骨の一部が発見され、日本にも恐竜が生息していたことを示す最初の証拠となった。部分的な上腕骨しか発見されていないため、竜脚類までしか分類できそうにない。

真鍋　**恐竜ではありませんが、日本の恐竜研究への第一歩は、やはりフタバスズキリュウでしょうね。**当時高校生だった鈴木直さんが見つけたということもニュースだと思いますし、首の骨だけはあまり見つかっていないものの、ほぼ全身見つかっていますから。

山田　あのニュースは、当時の子どもや学生に夢を与えてくれましたよね。

真鍋　厳密な意味では恐竜ではありませんけれど、恐竜時代にあんなに大きな爬虫類が日本にいたことがわかった。やっぱり、一番インパクトがあったと思うんです。

山田　僕らは恐竜だと思い込んでいましたけれどね。で、首長竜のフタバスズキリュウに草食の「モシリュウ」とくれば、次は肉食恐竜がほしいですね。**肉食恐竜の日本初は？**

真鍋　順番的にはおそらく**熊本県上益城（かみましき）郡御船（みふね）町で見つかった「ミフネリュウ」ですね。１９８４年に発表されています。**これは当時小学生だった早田展生君が夏休みの自由研究をするために、化石好きのお父さんと一緒に化石採取に行って見つけた歯の化石です。最初はサメの歯だと思って魚の化石に詳しい先生に見てもらうんですが、「これはサメじゃない！」ということになり、最終的に「肉食恐

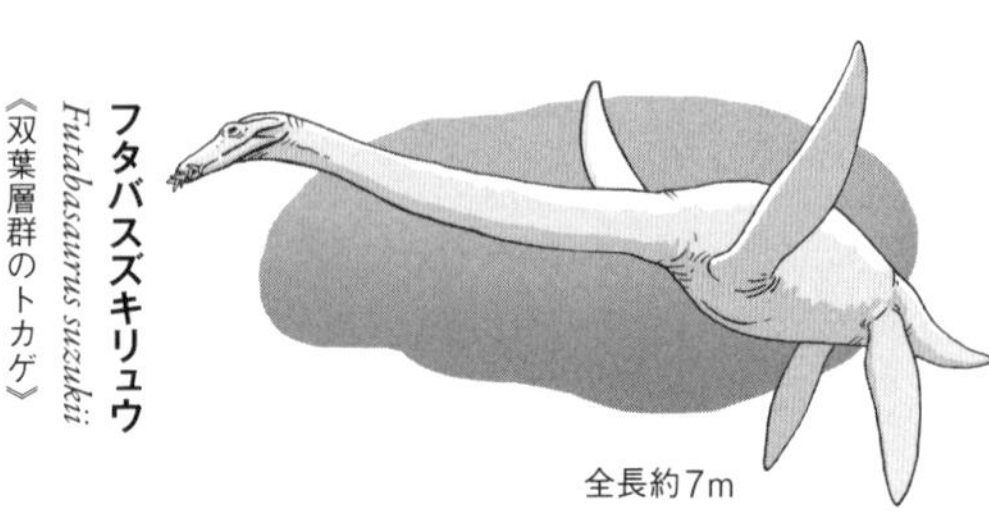

フタバスズキリュウ
Futabasaurus suzukii
《双葉層群のトカゲ》
白亜紀後期の首長竜。２００６年（発見から38年後）に新属新種として正式に記載された。

竜の歯」であることがわかったんです。

山田　どんな種類の肉食恐竜だったのでしょう。

真鍋　歯だけなので属や種までは同定できません。しかし、歯の表面の微細な特徴から、カルカロドントサウルス類という大型肉食恐竜の仲間の可能性もあるとされています。

山田　福井県が恐竜王国と呼ばれ始めたのは、いつ頃からですか？

真鍋　**福井県が盛り上がり始めたのは、1986年以降ですね。**その頃に日本各地でちょこちょこと恐竜の化石が見つかり始めていて、最初は隣県の石川県で高校生の女の子が肉食恐竜の歯を見つけるんですよ。これは「カガリュウ」という愛称で呼ばれるようになりました。

山田　また歯だけか。**日本で見つかる化石って、地味ですよね**（笑）。

真鍋　そうなんですよ（笑）。でも、歯とはいえ、とにかく石川県で肉食恐竜が見つかったわけです。福井県にも同じ手取層群の地層が続いていますし、ずっと以前にワニの化石は見つかっていました。それで、福井県でも恐竜の化石が見つかるはずだということになり、本格的に掘り始めたんです。福井県は今も化石の発掘に力を入れていますが、狭かった調査地の表面積を広げて発掘地として整備し

「ミフネリュウ」
白亜紀の獣脚類で、1本の歯のみが見つかっている。「ミフネリュウ」は発見された御船層群にちなんだ愛称。

た。それからどんどん見つかるようになったんですよ。

山田 **地域振興策**として、自治体レベルで取り組んだ成果ですね。

真鍋 そうなんです。日本で発見される化石は、山田さんがおっしゃるようにほんの一部しか見つからない地味なものも多いんですが、見つかったというニュースを聞いて、「これはなんだかわかりますか？」というような問い合わせも多くなって、どんどん日本中で見つかるようになってきたんです。

山田 歯だけでも大発見になる可能性があることはわかるのですが、やっぱり派手なやつもほしいですね。「わっ、出た！」って驚いちゃうような化石はありませんか。

真鍋 今までの中で言うと、**フクイベナトールですね。福井県勝山（かつやま）市北谷（きただに）の発掘現場から出た化石で、ヴェロキラプトルやデイノニクスのような小型の肉食恐竜です。ほぼ全身のパーツが出ています。**これが今までに見つかって正式な学名がついたものとしては、一番たくさんのパーツがそろっているものです。

山田 すごい、ほぼ全身骨格が出てるんだ！

真鍋 そしてなんといっても今最も注目を集めているのは、**北海道大学総合博物館の小林快次（よしつぐ）さんらが目下研究を進めている「むかわ竜」**（愛称）でしょう。

２００３年に北海道勇払（ゆうふつ）郡むかわ町で見つかった化石です。アンモナイトが出る海に堆積した地層から見つかったので、当初は首長竜の化石だと思われていたのですが、白亜紀後期のハドロサウルス類の可能性が高くなっています。**頭から背中、尻尾、前あし・後ろあしとほぼ全身が出ている**ので、おそらく「むかわ竜」のほうがフクイベナトールよりもパーツ網羅率が高いと考えられます。しかも**推定８ｍ以上の大きめの恐竜で新種の可能性が高い**んですよ。

山田　ヴェロキラプトルにハドロサウルス……。国土の狭い日本でも、探せば結構いろいろな恐竜が見つかるものなんですね。

真鍋　**日本は今でこそ狭い島国ですけど、当時は大陸の海岸線の一部。**今の生き物は島で生息できる程度の小型のものに限られますが、大陸なら巨体でも暮らしていけますよね。

アジア大陸という大きな面積の中に、さまざまな種類のものがいた。日本で見つかるのはその大陸の中の東縁にいたものに限られますが、国土の割にはいろいろなものが見つかったり、大きな恐竜もいたりするというのはそういうことなんです。

それからもう一つの理由として、**恐竜に関して国民の意識が高い**ということも

「むかわ竜」の化石

最初の発見は２００３年。当初は首長竜の化石とされた。２０１３年に本格的に発掘が始まり、クリーニング作業を経て、２０１７年６月にこれまでに発見されている化石を一般公開。

頭のところに立っているのが、小林快次氏　写真提供：西村智弘氏

あると思うんですよ。国土は狭いんですけれど、日本人には恐竜が好きだったり、化石を探そうと思ったりする人たちがたくさんいて、そういう意識の高さがたくさん見つかることにつながっているんだと思います。

山田　**子どもや学生が化石を発見する例が多い**のも、恐竜好きの裾野の広さを物語っていますよね。福井県の恐竜博物館を筆頭に、日本全国に驚くほど多くの恐竜関係の教育施設がありますし。**化石が発見された自治体には、たいてい恐竜博物館があります**から ね(笑)。

真鍋　新しい化石が見つかるとすごく盛り上がりますし、それが町おこしのきっかけにもなりますしね。

山田　町おこしができるくらい恐竜は人気が高いってことですよね。

真鍋　ただ、これだけ多くなってくると過飽和なところもあって、昔ほど人を集めにくくなってきてはいます。恐竜展を開催しても、「同じようなのを昨年見た」とか「この前のとどう違うの？」みたいな感じになってしまって、なかなか差別化が難しいんです。

山田　過飽和で経営が苦しくなると、展示物を新しくする余裕がなくなって、恐竜常識の急速な変化についていけなくなるところも出てきますよね。そうなると、

あの博物館では二足歩行に改められていた恐竜がこの博物館では四足歩行のままだったりと、経営状況によって提供できる情報にバラツキが出てきてしまいかねません。

真鍋　恐竜の常識がどんどん変わっていくことに博物館がちゃんと対応できるように、定期的に博物館に通って、博物館を応援してほしいですね。

大型爬虫類Q&A

海に進出した爬虫類―魚竜・首長竜

山田　さて、またまた素朴な疑問に戻ります。これも積年の疑問なんですが、**首長竜はなぜ恐竜ではなくトカゲの仲間と言われるのでしょうか？**

真鍋　なぜ恐竜に分類されないかというと、首長竜の骨盤は浅い凹みになっていて、穴が開いていないんですよ。骨盤に穴が開くという進化は、恐竜の祖先のところで起こったというお話はしましたよね（84ページ参照）。すべての恐竜はそれを引き継いでいます。逆に、**首長竜は見てくれは確かに恐竜に似ているかもしれま**

せんが、恐竜の最大の特徴である「骨盤が貫通している大きな穴」を持っていないので、恐竜には分類できない。ただの爬虫類なんです。

山田　なるほど。では、同じ爬虫類でもワニやカメではなく「トカゲの仲間」と限定する理由は？　ちなみに、この図（下図）では「トカゲ・ヘビ・モササウルス類」ラインと「ワニ・カメ」ラインに分けられていますが、素人目にはワニはカメよりトカゲに近そうに見えるのですが。

真鍋　そうですよね。いったん恐竜のことは忘れて今、生きている爬虫類について説明しますね。昔はカメというのはすごく原始的な独立した爬虫類ということで3つに分けていました。ヘビがトカゲから変化したことはわかっていましたから「トカゲ・ヘビ」の仲間、カメの仲間、ワニの仲間という区分けです。

ところが、最近になってDNAを調べてみたところ、**カメはワニに近いらしい**ということがわかってきたんです。カメは甲羅もあるし、頭や手足を引っ込めたりして、すごくユニークな存在なんですけれど、カメの化石をたどっていくと甲羅のないカメというのが出てくるんですよ。考えてみたら当たり前なんですけれど、**カメも最初は甲羅のない状態からスタートしています。**次におなかに甲羅のあるものが出てきて、そのうちに背中にも甲羅ができて、そのうちに首を引っ込

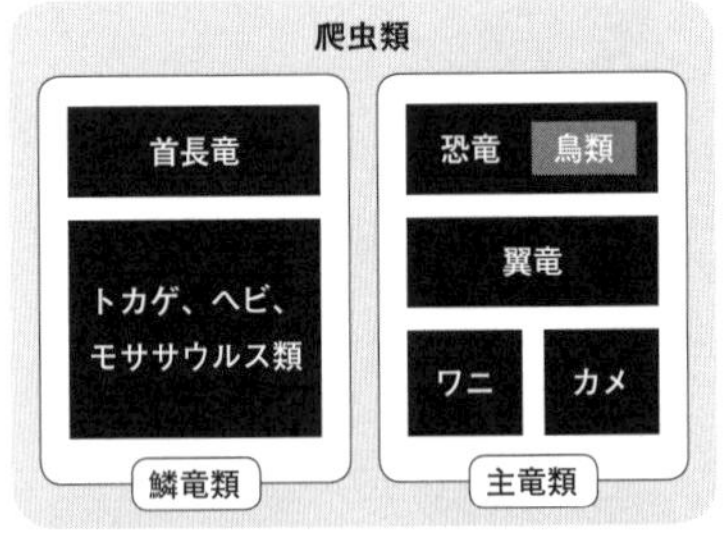

爬虫類の分類

められるようなやつが出てきたというのが、カメの進化の流れです。

DNAを見てもトカゲとヘビが近いのは変わりませんが、カメとワニがトカゲに比べると近いので、同じグループになるでしょうということになったんです。

山田　そこまで違いますか、トカゲとワニは。グループを隔ててしまうくらいに。

真鍋　トカゲは、骨格や頭の構造が柔軟性高くできているんです。でも、ワニやカメは柔軟にはできていません。**爬虫類の中で、頭や体の柔軟性みたいなのが高いグループがトカゲ・ヘビの仲間で、低いグループがワニとカメの仲間**というわけです。

山田　**体の硬いやつがワニ・カメの仲間！**

真鍋　トカゲの一部で胴体を長くする変化が起こった。長くなると手足で体を支えられなくなりますから、手足不要ということで退化させてしまった。それで、ヘビという形に進化できたわけです。

ワニは、ウロコ自体もがっちりしていて分厚いですよね。トカゲにもヨロイトカゲという結構ウロコの分厚い種がいたりするんですけれど、骨の数を増やしてしまう、減らしてしまう、そういう柔軟性の高さがトカゲの仲間にはあります。そして、**そのトカゲが海に進出して首長竜に進化していったのでしょう。**

柔軟性と表現しましたが、1本の指を作る骨の本数を増やして細長いヒレにしてしまうとか、トカゲの仲間のほうが自由度が高いのです。だから、あれだけ大きなモデルチェンジができたのでしょう。

山田　つまり首長竜は体が柔らかいと。では、次の素朴かつ大きな疑問ですが、首長竜と呼ばれる中にクロノサウルスみたいに首が短いやつが交ざっているのはなぜですか!?

真鍋　最初の首長竜の学名は、プレシオサウルスです。プレシオというのは近いという意味で、海の地層から見つかるけれど魚じゃなくて爬虫類だよねということで、「プレシオ（近い）サウルス（爬虫類）」と名づけられたんです。それを明治時代に日本語に訳した人が、首が長いのが特徴だからと「首長竜」にしたわけです。なかなか親切でいい訳だったんですけれど、**首長竜の中には首の短いやつもいるということまでは想定していなかった**ようです。

　首の短い首長竜の存在がわかっても、すでに「首長竜」とつけてしまったのでそれは否定できない。仕方なく**「首の短い首長竜」**という呼び名を作ったんです。でも本当は「プリオ（もっと）サウルス（爬虫類）」といって、プレシオサウルスよりももっと爬虫類に近いことを表したグループ名がついています。日本語ではどちらも「首長竜」という言葉を使っていますが、**いわゆる首長竜がプレシオサウルス類、首の短い首長竜がプリオサウルス類です。**

　プレシオサウルスとプリオサウルス、どちらも海に進出したトカゲの仲間ですから、手足をヒレに変えて水の中をスイスイ泳ぐようになった、プレシオサウルスのほうは首も長く変化させていった、そんなふうに展開していきました。そもそも骨格が柔軟で骨を増やすとか減らすとかいうことの自由度が高いので、このような姿に変わっていったのだと思いますよ。

山田　海の爬虫類には魚竜もいますよね。**首の短い首長竜は、いっそ魚竜に分類したほうがすっきりするんじゃないかと思うのですが。**

真鍋　爬虫類の中で海に進出したのは、魚竜のほうが先なんです。首長竜はそのあとに別の爬虫類の中から水の中に進出しています。あとと言っても、どちらも三畳紀に起きた進化ですけどね。海に進出した爬虫類には魚竜と首長竜のほかにもうひとつ、オオトカゲの仲間が海に進出したとされるモササウルスというのがいます。映画『ジュラシック・ワールド』（『ジュラシック・パーク』シリーズ第4作）では、8〜20m級のモササウルスが水族館でショーをしているシーンが出てくるんですが、あれは迫力がありましたね。

モササウルス
Mosasaurus
《マース川（オランダの地名）のトカゲ》
大きな頭部に大きな歯、ヒレ状の四肢、太く幅広い尾が特徴で、白亜紀後期に栄えた。トカゲ類に近縁。

空飛ぶ爬虫類 ― 翼竜

真鍋　恐竜だと思っている人が多い爬虫類には、魚竜・首長竜のほかに翼竜の仲間がいますよね。ぱっと見ると恐竜だったり鳥に見えたりするかもしれませんが、決定的な特徴としては、翼に3本の指があることです。これは親指・人差し指・中指、翼を作っている長い指は異常に長くなった薬指なんですよ。小指が最初になくなり、薬指だけがぐんぐん伸びていった結果、こういう翼みたいなものが出てきたんだろうと考えられています。

山田　**まず翼竜が恐竜でも鳥でもなく爬虫類だったことに驚き、次に翼を支える骨が薬指だったことに仰天しましたよ！**　じゃあ、あの翼は指の間の膜が広がったものなんですか？

真鍋　薬指の横から足首まで、体の側面に沿って広がった膜です。このように薬指から大きな膜を持つような進化は、翼竜だけに起こっています。そして、何よりの違いは**股関節に穴が開いていない**こと。だから恐竜には分類されません。恐竜以外の爬虫類の中から、膜を張って空に進出するものが出てきた、それが翼竜です。

魚竜や首長竜同様、三畳紀に出現しました。一番最初に空を飛んだ生き物は昆虫ですが、**背骨を持った動物の中で最初に空を飛んだのは翼竜**です。三畳紀の空を飛んでいた脊椎（せきつい）動物は翼竜だけ。そのあとで肉食恐竜の中から羽毛を持つものが現れ、翼を持つようになり、始祖鳥のような変化を経て、ジュラ紀に鳥になった。**ジュラ紀と白亜紀の空には、翼竜と鳥が飛んでいたん**です。

でも、鳥は生き残りましたが、翼竜は絶滅してしまった。その後新生代になって哺乳類の中からコウモリが出てきます。コウモリは飛ぶのはそれほどうまくないんですけれど、空への適応に成功した哺乳類です。爬虫類と鳥類と哺乳類、それぞれ時代は違いますが、異なる方法で空という生活圏を手に入れていったんですよ。

山田　また素朴な疑問ですが、翼竜って見た目がこれだけ鳥に近いじゃないですか。なのに**なぜ翼竜から鳥へと進化せず**、わざわざ恐竜という見た目が大きく違う形を経て鳥になっていったのでしょうか。

真鍋　鳥類が出現したのは、偶然と言ったほうがよいかもしれません。翼竜の出現も偶然です。すでに翼竜が空にいるのに鳥類が進出できたのは、ジュラ紀の空という空間には、鳥類が入り込める隙間があったと言えます。三畳紀に出てきた最初の翼竜は、鳩ぐらいの大きさのものがほとんど。最初は小さくて、だんだん大きくなってくるんですよ。

三畳紀には、さまざまな大きさの翼竜が生息していました。それが、白亜紀になると大きい翼竜しかいなくなってしまうんです。翼を広げると端から端まで10mぐらいあって、まるでセスナ機のように巨大なケツァルコアトルスみたいな翼竜が出てくるのも白亜紀です。

ジュラ紀の空では鳥と翼竜が共存していましたが、翼竜はだんだん追いやられて海のような場所で大型化する方向に押し出されていったようです。おそらく**翼竜のグライダーのような翼よりも、鳥たちの翼のほうが操作性が高く、小回りがきいたから**かもしれません。

体の小さな鳥たちは、森林のような場所で個体数や種類を増やして、シェアを伸ばしていった。一方、翼竜は体の大きなものばかりになって、上昇気流を使って白亜紀の海の上を飛んでいました。**体の大きなものが主体になった、それが隕石衝突後に生き残れなかった大きな理由でしょう。**十分な餌が確保できなくなって、絶滅してしまったようなのです。

山田　なるほど。

真鍋　だからもし鳥が進化してこなかったら、空は翼竜が独り占めですから、隕石衝突のときにも小さい翼竜や大きい翼竜やさまざまな種類がいたはずです。小さな翼竜がいれば、生き残って進化し続けた可能性もあったと思います。

山田　**翼竜もまた、自らの体の大きさゆえに滅んでしまったわけですね。**でも、仮に同じ大きさでも、翼竜より鳥のほうが小回りのきく飛び方ができたんじゃないですか。

真鍋　**翼竜の翼と鳥の翼は、基本構造が全然違います。**翼竜のように薬指から膜を広げて翼の大きさを稼ぐのではなく、鳥の場合は羽毛を使って風切羽を増やして翼の形を大きくする構造です。おそらく生え替わらせることのできる羽毛のほうが有利ですし、風切羽と風切羽の間を広げて形を変えたりして、空気抵抗を調節するなど、柔軟性も高いですからね。

山田　翼竜のほうは単に膜を広げて気流に乗っていくグライダー系ですから、あまり小回りはきかなさそう。餌が豊富だった時代はともかく、鳥との奪い合いになれば、確かに勝ち目はなかったでしょうね。

1979年　●「子育て恐竜」マイアサウラの研究が発表される（p.52）

1982年　●「恐竜人間（ディノサウロイド）」説発表（p.54）

1984年　●熊本県で日本の肉食恐竜第一号「ミフネリュウ」発見（p.158）

1986年　●石川県で「カガリュウ」発見（p.159）

1987年　●三畳紀に鳥が誕生？　プロトエイビスの化石発表（p.56）

1990年代　●パキケファロサウルスの首の骨発見（p.23）

1990年　●マイケル・クライトンが『ジュラシック・パーク』出版（p.113）

1991年　●メキシコ・ユカタン半島で巨大なクレーター発見（p.91）

1993年　●オビラプトルは自分の卵を温めていたことが判明（p.22）、映画『ジュラシック・パーク』公開（p.113）

1996年　●中国・遼寧省で最初の「羽毛恐竜」シノサウロプテリクス発見（p.53）

2001年　●映画『ジュラシック・パークⅢ』公開（p.16）

2003年　●小型ティラノサウルス類「羽毛恐竜」ディロングと命名（p.147）、翼を持ったミクロラプトル発表（p.179）

2006年　●「フタバスズキリュウ」に学名「フタバサウルス・スズキイ」が付けられる（p.120）

2014年　●スピノサウルス四足歩行・半水生説発表（p.16）

2016年　●世界最古のストロマトライトの化石発見（p.77）、ブロントサウルス復活の提案発表（p.144）

2017年　●鹿児島県・甑島で大型ハドロサウルス類の化石発見（p.58）、ハルシュカラプトル発表（p.99）、1887年から使われてきた竜盤類・鳥盤類の分類を、竜盤類・オルニトスケリダ類に変える提案（p.198）

コラム 5

【この本に出てくる恐竜研究年表】

1800

1810年代 ●資源探査のため、地質学が発展(p.50)

1824年 ●メガロサウルス命名(p.42)

1825年 ●イグアノドン命名(p.42)

1831年 ●ダーウィンがビーグル号で南半球へ出航(p.46)

1842年 ●リチャード・オーウェンが太古の巨大爬虫類を「恐竜」と命名(p.42, 44)

1853年 ●イグアノドンの生体復元像がロンドン郊外に設置される(p.61)

1859年 ●ダーウィンが『種の起源』を出版(p.43, 44)

1861年 ●始祖鳥の最初の標本が発見される(p.48)

1878年 ●ベルギーでイグアノドンの全身骨格30体以上発見(p.61)

1887年 ●シーリーが恐竜を骨盤の特徴で「竜盤類」と「鳥盤類」に分類(p.49, 108)

1870~90年代 ●アメリカでコープとマーシュによる「発掘競争」勃発。130種を超える恐竜化石を発見(p.49)

1900

1903年 ●ブロントサウルスが無効になり、アパトサウルスに吸収合併(p.143)

1905年 ●ティラノサウルス命名(p.51)

1915年 ●スピノサウルス命名(p.15)

1920年代 ●ゴビ砂漠でプロトケラトプスと恐竜の卵の化石を発見(p.51)

1924年 ●オビラプトル(卵泥棒)命名(p.22)

1967年 ●映画『恐竜100万年』日本公開(p.29)

1968年 ●「フタバスズキリュウ」発見(p.120, 157)

1969年 ●デイノニクス命名(p.52)

1978年 ●岩手県で日本の恐竜第一号「モシリュウ」発見(p.157)

講義5時限目

だから恐竜は面白い！

撮影協力：国立科学博物館

続々発表最新学説

恐竜研究を変えた！ 羽毛恐竜

山田 この数十年で恐竜研究の歴史を変えた最大の発見は、なんと言っても「羽毛恐竜」ですよね。最初に見つかったのは、どこのどんな「羽毛恐竜」だったのでしたっけ？

真鍋 最初に見つかったのは、「恐竜研究の歴史」の項でも話題になった（53ページ参照）シノサウロプテリクス（「中華竜鳥」）という恐竜で、1億3000万年くらい前の白亜紀前期に、今の中国に棲んでいた小型の肉食恐竜です。そして、生息した時代が一番古いのは約1億6000万年前、ジュラ紀後期のアンキオルニスなどの恐竜ですね。

山田 遅くともジュラ紀中期までには羽毛を持つ恐竜が誕生していたということですね。鳥になったのは竜盤類の恐竜ですが、**「羽毛恐竜」もすべて竜盤類ですか？**

真鍋 鳥盤類にプシッタコサウルスという角竜の仲間がいるんですが、尾のつけ

シノサウロプテリクス
Sinosauropteryx
《中国のトカゲの翼》
白亜紀前期の獣脚類で、最初に発見された「羽毛恐竜」。羽毛は茶色で尾には縞模様が。

全長約1m

アンキオルニス
Anchiornis
《鳥に近い》
ジュラ紀中期もしくは後期の獣脚類。前後に大きな翼を持っていた。全身の色が

根のところにタテガミのような羽毛が生えている化石が見つかっています。ティラノサウルスの羽毛の話に出てきたクリンダドロメウス（153ページ参照）も鳥盤類です。鳥にならなかった鳥盤類にも羽毛のようなものがあったとすると、**羽毛のルーツは鳥盤類と竜盤類に枝分かれする前**、三畳紀の最初期の恐竜にもすでにあったのではないかと考えられます。

ただ、三畳紀の化石からはまだ羽毛の痕跡は見つかっていません。羽毛のような繊細なものが化石として残るには、かなり条件が整った環境でないと難しいんです。

山田　あの、**このプシッタコサウルスの復元画なんですが、いくらなんでも不自然すぎませんか？**　本当はもっと広範囲に生えていた羽毛が抜けてしまい、たまたま尻尾の一部に残った状態で化石化しただけじゃないんですか。

真鍋　この毛はどう見ても飾りですよね。おそらくこの羽毛の生え方でオスとメスを見分けるとか、ふさふさと立派なほうがモテて子孫を多く残せたとか、そのような効果があったと考えられます。

山田　飾りなら飾りらしく、背中一面に生やせばいいのに。

真鍋　胴体にはしっかりとしたウロコの化石が確認できています。

推定された最初の恐竜。全身はほぼ黒色、前後の翼に白い帯状の模様、頭頂部と頬に赤色の模様。

全長約0.5m

プシッタコサウルス
Psittacosaurus
《オウムトカゲ》
白亜紀前期の原始的な角竜類で、頬の突起とオウムのようなクチバシが特徴。尾に長い羽毛が生えていた個体が確認されている。

全長約1〜2m

山田　でも、しつこいですが、恐竜の姿は想像で描くしかありませんから、実際はまるで違っていた可能性もあるわけですよね。

真鍋　確かにそういう面がないとは言えませんが、この化石にはしっかり痕跡が残っている以上、**こういう変なやつがいたということは事実です。**でも、この個体だけが変わっていて、それがたまたま化石になり、たまたま人間に出会ってしまったというリスクもあります（笑）。

山田　わかりました。話題を変えましょう（笑）。鳥には進化しなかった「羽毛恐竜」に、ダチョウそっくりな恐竜がいましたよね。

真鍋　オルニトミムス類というタイプの恐竜です。尻尾があるから恐竜だと見分けられますが、首が長くて一見するとダチョウそっくりです。集団で巣を作って、今の鳥類のような子育てをしていたらしいことがわかっています。進化した恐竜は、想像以上に高度な社会性を持っていたんです。

羽毛だけでは鳥じゃない、鳥と恐竜の境目

山田　恐竜で見た目がほとんどダチョウなら、それはもう鳥なんじゃないかとも思うのですが……。**恐竜と鳥を区別する決め手は、どこにあるんでしょう？**

オルニトミムス類
Ornithomimus
《鳥もどき》
白亜紀後期の獣脚類。「ダチョウ型恐竜」とも。走るのに適した長いあしと、オルニトミムスは、大人になると風切羽を持つようになったらしいことがわかってきた。

真鍋　今の動物だけで言えば、羽毛は鳥にしかない特徴です。だから昔は、羽毛を持っていれば鳥だと分類することができました。１８６１年、ダーウィンの時代に見つかった始祖鳥は羽毛を持っていたので、「これはもう鳥ですよね」とすぐに鳥に分類することができたんです。１９９６年まではそれでよかったんですけれど、羽毛のある恐竜が見つかったことで、羽毛を持っているだけでは鳥だと言えなくなっちゃったんです。

　結局のところ、何をもって定義するかですから「羽毛を持っていたら全部鳥」という言い方もできなくはない。ですが、シルエットはどう見ても恐竜なのに、フリースみたいなふさふさの羽毛があれば、それを「鳥」と呼べるのか。そこで、**翼を持っているものを鳥って言いましょう**ということに落ち着いた。

山田　実にわかりやすく説得力のある基準ですね！

真鍋　最初のうちは翼を持っている「羽毛恐竜」は見つかっていなかったので、しばらくの間は、翼は飛ぶために進化したものだから、翼があれば鳥だと呼べる。翼が出てくるのは始祖鳥以降ですよね、ってみんな安心していたら……。

山田　安心していたら？　嫌な予感がしてきましたよ（笑）。

真鍋　２００３年に立派な翼を持ったミクロラプトルが発表されたんです。前あ

全長約0.8m

ミクロラプトル
Microraptor
《とても小さな泥棒》
白亜紀前期の獣脚類。前あしと後ろあしの両方に翼があり、グライダーのように滑空していたと考えられる。

しに大きな翼、そして後ろあしにも大きな翼を持っているんですが、そのほかのさまざまな特徴からは鳥とは言えない。それで、ミクロラプトルは恐竜に分類されました。それ以降、**翼を持っているだけでは、鳥とは言えなくなってしまったんです。**

山田　ほら始まった（笑）。じゃあ今度は、何をもって鳥と？

真鍋　**羽ばたける仕組み、竜骨突起という骨を持っているかどうかが、ひとつの指標になります。**

鳥の胸肉は学術的に言うと大胸筋、その下にササミである小胸筋がついています。大胸筋は翼を上から下に下ろす筋肉で、筋肉量も多くすごく強力です。一方小さなササミ、小胸筋は翼を上に持ち上げる筋肉です。胸肉でばさっと翼を下げ、ササミで上に戻す。つまり、胸肉ササミ胸肉ササミという繰り返し運動で鳥は羽ばたいているんです。この仕組みは、今の鳥ならみんな持っています。

そして胸の筋肉量を確保するために、胸骨の中央に竜骨突起と呼ばれる板状の突起ができているんですよ。真ん中に壁を作れば筋肉の付着面が広くなり、左右それぞれがっちり筋肉がつけられますからね。

化石に筋肉そのものは残りませんが、胸骨の形と大きさはわかります。それで

竜骨突起と胸筋
鳥類の胸骨には竜骨突起と呼ばれる板状の突起（斜線部分）が大きく発達していて、そこには大胸筋と小胸筋が付着している。

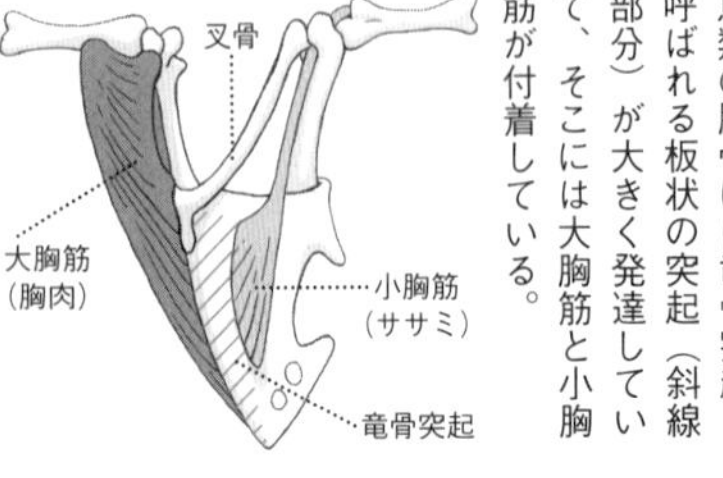

この竜骨突起のあるもの、翼を持ち羽ばたくだけの筋肉を持ってるものを鳥と呼びましょう、というのがひとつの考えです。

ところが、始祖鳥には竜骨突起がありません。竜骨突起と胸骨はあったけれど、それが軟骨だったために化石に残らなかったという可能性もあります。軟骨だったとしたら、大きな筋肉をつけられないだろうから、翼はあっても枝から枝へ飛び移る程度で、十分に羽ばたくことはできなかった可能性が高くなります。

山田　では、始祖鳥は今ではもう鳥とは呼べなくなったわけですね。つまり、始祖鳥は分類上は恐竜になったということでいいんですね？

真鍋　竜骨突起で分類するとそうなのですが、新種の恐竜や鳥が出てくるたびに分類を変えると混乱するので、歴史的には1861年以来、始祖鳥をもって恐竜と鳥の境目にしてきたので、今のところそれを踏襲しましょうということになっています。

山田　では、**「始祖鳥は例外として鳥と恐竜の境目は竜骨突起の有無にある」でファイナル・アンサーですね。**ちなみに、クチバシか歯かというのは関係ありませんか。

真鍋　今の鳥だけだったら、そこで分類できるのですが、**実は恐竜の段階でもう**

クチバシになっているやつがいるんですよ。オビラプトル類もそうですし、先ほど話に出たダチョウ恐竜のオルニトミムス類もそうです。

山田　なぜ歯からクチバシに変わったんでしょう？

真鍋　恐竜は一生歯が生え替わり続けるというお話をしましたが（124ページ参照）、歯をたくさん何百本も作り続けるのはエネルギーを使いますからね。

　結局、オルニトミムス類がダチョウ恐竜と言われるほどダチョウそっくりなのは、翼とクチバシがあるからなんです。ですから、昔は鳥に近いのではないかと言われたこともありますが、ほかの特徴を見ていると、さほど鳥に近くないんです。鳥への進化とは関係なく、ただ**見た目がたまたま現在のダチョウに似ている**ということなんですね。

山田　だとすれば、逆に現在のダチョウを恐竜と呼ぶことはできないんですか？もともとは恐竜から進化したわけですし、そこまでオルニトミムスに似ているなら、あえて鳥と呼ばなくてもいいのではないかという気もします。飛べませんしね。

真鍋　**ダチョウは、意外にも恐竜らしいところは残っていないんです。**先祖は空を飛んでいますからね。

例えば、始祖鳥には指が3本あります。もともと恐竜の指は3本、そこにカギツメがついていています。ティラノサウルスの指は2本になってしまいましたが、いかにも恐竜らしい姿をしています。それが鳥に進化すると指は完全に翼の一部になり、いわゆる手羽先の形になります。もちろんカギツメもありません。ダチョウも手を見ると、指は完全に退化して手羽先の形になっています。だから、意外に恐竜らしさが残っていないのです。

山田　オルニトミムスにはカギツメがあるんですか。

真鍋　爪はがっちりついていています。

山田　だったら、竜骨突起よりカギツメの有無や指の本数で恐竜と鳥を区別しましょうよ。

真鍋　爪や指で分けられるといいんですが、恐竜の中にも紛らわしいやつがいて……。

山田　またですか！

真鍋　モノニクスという恐竜は、短い前あしにカギツメのついた1本指があるだけなんです。一見鳥のような姿になってしまっているんですよ。詳しく調べるとその脇に小さな指が2本あった痕跡があって、恐竜らしい3本指だったことをたどることができます。
山田　指の形や本数では決められないと。
真鍋　だから、**竜骨突起で区別するのが一番わかりやすい**と思うんです。ただ、竜骨突起のような骨はすべての化石になかなか残ってくれません。
山田　骨としてはもろいんですか？
真鍋　そうなんです。薄いというのもあるし、特に若い個体だとまだしっかりとした骨になっていない。
山田　わかりました。要するに、今のところ恐竜と鳥との境目は、羽ばたけるかどうか、すなわち竜骨突起の有無にあると思っておけば間違いはないわけですね。ということはつまり、ダチョウを恐竜とは呼べないのは竜骨突起があるからだと考えていいんですね？
真鍋　それがですね。
山田　え？　**まさかダチョウには竜骨突起が……。**
真鍋　もともとは、あったんですよ。
山田　もともとは？
真鍋　ダチョウそのものでは退化していますが、ダチョウの祖先には竜骨突起があったのです。竜骨突起は高く突き出たほうが、表面積が増えてたくさん筋肉がつくんですが、ダチョウは飛ばなくなったので、もうここにたくさんの筋肉をつける必要がない。使わない骨や筋肉は退化してしまうので、もともと竜骨突起はなかったんじゃないかという勘ぐりを入れたくなるほど貧弱です。でも、ダチョウの仲間の化石を見ていると、最初はちゃんとした竜骨突起を持っているんです。ですから、やはりダチョウは鳥なんですよ。

山田　貧弱でもなんでも、あってくれればそれでいいです（笑）。**竜骨突起があるからしてダチョウは恐竜ではなく鳥なんだ**、ということで納得しますから。

真鍋　恐竜の段階では飛べなかった。それが飛べるように進化した。でも、飛ぶ必要がなくなれば退化する。進化は、一定方向にどんどんスペックが上がっていくばかりではないんですよ。

山田　せっかく飛べるようになったのに、あえて飛ばなくなった理由は？

真鍋　天敵のいない島にいたりしたら、もう飛ぶ必要がないかもしれません。飛ぶのはやはり大変なんです。飛ぶ体を維持しなければならないですからね。もう飛ばなくていいよ、もう好きなだけ食べていいよ、ということになれば、全く飛べなくなってしまうんです。

山田　**そんなダメ人間みたいな理由だったんですか!?**　ふだんは飛ぶ必要がなくても、いざというときに備えて飛行能力を保ち続けようとは思わなかったんでしょうか。

真鍋　おそらく、**必要のない形質は残っていかない**のだと思います。飛ぶことが生存に有利な特徴であれば、飛ぶのが上手な個体は異性に選ばれる、砕けた言い方をすればモテるわけです。でも、速く走れるのがいい、餌をとるのがうまいほうがいい、という状況では、中途半端に翼があったりする個体よりも、速く走れる、餌をうまくとれる、そういう個体が選ばれて子孫を残していくわけです。

　ごく稀に、羽ばたけることに価値を認めてくれる異性が現れれば子孫を残せますが、価値が認められなければ、単なる変わり者としてだんだん排除されてしまうんですね。

山田　**「あいつ、まだ飛んでるよ」**みたいな？

真鍋　飛ぶなんてもう時代遅れだね、とかね（笑）。でも、環境が変われば翼を捨てずに持っていた時代遅れの個体が有利になることもあるはずなんです。ただ、そういう個体が子孫を残さない限り、消えていっちゃうんですよね。

羽毛からわかる恐竜の色

山田　同じ恐竜でも、図鑑によって復元画の色や模様が結構、違うことがありますよね。あれは図鑑を監修される研究者のご意向ですか？

真鍋　姿は最新の学説だったり、完全度の高い標本などをもとにサイエンス・イラストレーターさんたちに描き起こしてもらうわけですが、**色や模様はわからない度合いが高い分、描き手や監修者、編集者の意見が入ってくる**ので、書籍や図鑑によって変異の幅が大きくなります。

山田　僕たちが知る恐竜の姿は、時代や学説だけではなく、復元画家さんの想像力によっても変わってくるんですね。いろいろな時代や異なる出版社の図鑑に載ってる復元画を見比べてみるのも面白そう。

真鍋　昔は骨だけが頼りでしたから、かなりいい加減な想像図もありましたよね（笑）。今はまだほんの一部とはいえ本来の色や模様がわかるようになってきて、恐竜の復元画も少しだけですが、想像だけではない状況に変わっています。

山田　今のところ、色までわかっている恐竜はどのくらいいるんですか？

真鍋　これから研究が進めばもっと増えてくると思うんですが、**色がわかってい**

る鳥以外の恐竜は、今のところ10種類ぐらいですね。

山田　**化石には色まで残りませんよね。**なのに、どうしてわかるんですか？

真鍋　化石を5㎜程度の切片で切り出して、**電子顕微鏡で見るんです。**標本にメラニン色素に関連した組織が残っていれば、その一粒一粒まで見えてきますから、それが丸っこい形をしていれば赤や黄色や茶色、細長いと黒か灰色か白だったことがわかります。

　メラノソームというメラニン色素に関連した組織が、その形によって色が異なること、またその密度によって、さらに色が絞られてくることがわかったからなんです。

山田　そこまでして色を知りたいのは、単に復元画のためだけではありませんよね？

真鍋　「色はわかったけれど、それがなんなの？」とおっしゃる方もいらっしゃいますが、実は生物学的にも重要な意味があるんです。**色を通して、生態や生息環境が見えてくる可能性がある**んですよ。

　例えば、アンキオルニス（176ページ参照）は頭の上が赤いのがわかっています。現生の鳥では、成熟したオスしか頭頂部の羽毛が赤くないんです。ですから、パッと見るだけで生殖可能なオスだということがわかりますし、おそらくこの赤の立派さ、鮮やかさがより多くのメスに選ばれるといった意味もあると思います。子孫を残す相手として、候補となる個体であるかどうかが、瞬時に見分けられるわけです。そういうコミュニケーションシステムの出現が恐竜までさかのぼれるらしいことが、「羽毛恐竜」の色を通してわかってきました。

最初に羽毛が見つかったシノサウロプテリクス（176ページ参照）は、尻尾に縞（しま）模様があるらしいということは化石の目視からもわかっていたんですが、さまざまな部位をサンプリングして調べた結果、全身の色が明らかにされています。

この恐竜は背中のほうが茶色っぽくで、おなかのほうが白いんですね。どの動物でもそうなんですが、背中の色が濃くておなかのほうが薄く、その境目が明瞭に分かれているのは、サバンナとか平原にいる哺乳類の特徴です。**上から太陽光線が当たるようなところに棲んでいる動物は、境目のコントラストがはっきりしているんです。**

山田　言われてみれば、確かにそうですね！

真鍋　一方、森の中に棲んでいると、このコントラストが不明瞭だというのが、今の哺乳類などを見ているとわかるんですね。それが恐竜にも当てはまるのなら、

シノサウロプテリクスは平原に棲んでいた可能性が高くなります。発見されたのは中国の遼寧省ですが、ここはほとんどが森林だと考えられてきました。そのような環境で「羽毛恐竜」は枝から枝へ飛び移りながら、鳥類に進化していったと言われていました。復元画の多くは、鬱蒼（うっそう）とした森の中にいる姿で描かれていたんです。

でも、もし平原に棲んでいたという解釈が正しければ、シノサウロプテリクスが生息していたのは森林ではなく、もっとオープンなところだったことになります。つまり、白亜紀の遼寧省に恐竜の棲んでいた平原があったことを、この化石が教えてくれてるんじゃないかと言われています。

山田　体の色から、棲んでいた場所までわかるんですね。復元画の色を統一するためにも、どんどん調べてくださいよ！

真鍋　ただね、電子顕微鏡って山田さんならご存じでしょうけれど、真空状態にすることで倍率を上げているんですね。始祖鳥を丸々は入れられなくて、せいぜい5㎜ぐらいの切片じゃないといけない。ですが、5㎜の切片だけをきれいに切り出すことは難しいです。化石の表面を小さく切ろうとすると、ボロボロになってしまう。そうなると、例えば山田さんが始祖鳥を一体持っていたとして、僕が

「ここのところを5㎜ぐらい切らせて」と言っても切らせたくないですよね。

つまり、**そういうことをしてもいい標本や、それを許可してくれる博物館がないと調べられない**んです。

山田　確かにそうですね。切らずに色素を調べる方法があればいいのに。

真鍋　技術が進歩すればいつか、非破壊検査も可能になるかもしれませんが、なかなか。簡単にはいかないですね。

営巣する恐竜たち

真鍋　最近の研究発表で注目されているのは、**アラスカに恐竜の営巣地があったことがわかった**という、名古屋大学博物館の田中康平さんや、北海道大学博物館の小林快次さんたちの報告ですね。アラスカのようなところから化石が見つかること自体は全然珍しくないんです。でも、卵を産んで子育てをしていたとすると、通年そこで暮らしている恐竜がいたということですから、興味深いですね。

山田　地球全体の環境が今とは違ったとはいえ、極地での暮らしがほかの地域と比べて厳しいことには変わりがなかったでしょうからね。

真鍋　アジアから北アメリカへ渡るときにアラスカを経由したと考えられる恐竜

の化石なら、見つかっていました。でも、今回の報告は営巣地ですから、そこを生活の場にしていた恐竜たちがいたのは確かです。

一部の肉食恐竜、例えば**オビラプトルは卵の上に座って抱卵し、自分の体温で卵を温めていた**ことがわかっています。また、マイアサウラのように体の大きなハドロサウルス類は、さすがに自分の体は大きすぎて卵の上には座れないんですが、**産んだ卵の上に草をかけ、植物の発酵熱を使って巣を温めていたようです。**

相対的に日照時間が短いシベリアやアラスカのような寒い土地を、通路としてではなく生活の場にしていた。ちゃんと巣を作って子育てをすることができたということは、オビラプトルやマイアサウラのような、卵を温めるための手間や工夫が必要です。

山田　そういう工夫ができるだけの知能があったという証拠にもなりますね。

真鍋　新種の恐竜を見つけるというのは、今もオーソドックスな研究としてあるんですけれど、色から生態のようなことまで推察していく研究もありますし、子育ての方法や工夫が、それも北極圏に近いような地域でもやれるということがわかってきたりと、今はどんどん**恐竜の生活、生態みたいなところにも新しい光が当たりつつある**んですよ。

アラスカで思い出しましたが、最近よく子どもたちから「発掘に行くんだったらどこに行ったらいいですか」「まだあまり恐竜が見つかっていないところはどこですか」と質問されるんですが、そんなとき僕はだいたい**「南極大陸とアフリカ」**って答えているんです。南極大陸は、行けたとしても氷で地層が覆われていますから、真下に恐竜が埋まっていたとしてもわかりません。でも、南極大陸はオーストラリアと陸続きでもっと大きな大陸だったし、普通に恐竜がいたということはわかっているんです。

もうひとつのアフリカのほうは、なかなか奥地には行きにくいですし、政情も不安定なので、まだあまり踏査されていないのです。でも、ほかの大陸並みに踏査されれば、もっとアフリカから恐竜が出てくるはずです。ですから、今まであまり恐竜は見つかっていないけれど、ポテンシャルが高い場所といえば、まずそのふたつですね。

山田　要するに、「前人未到の地」ですね。

真鍋　アラスカとかシベリアとか南極大陸とか、今の気候から考えると恐竜などはいそうもありませんが、当時は南極圏でも北極圏でも普通に恐竜がいた環境でした。ですから、恐竜を見つけるということにおいては候補となります。

恐竜の卵からわかること

真鍋　卵の話が出たところで、もう少し恐竜の卵の話をしましょうか。オビラプトルに卵泥棒という名前がついてしまったのは、**恐竜がまさか抱卵するなんて思いもよらなかった**からです。卵の化石が見つかって、恐竜が卵生であることは確定しましたが、ほかの爬虫類同様、卵は産みっぱなしだと考えられていたんです。卵の化石が見つかった場所の近くからはプロトケラトプスの化石がたくさん見つかっていたので、最初はプロトケラトプスの卵を盗みにきた恐竜だと思われてしまったんですね。

でも、ずっとあとになって、**本当は自分の卵を温めていた**、爬虫類のような冷血ではなく温血の生き物だったということが発覚しました。恐竜研究にはそういうどんでん返しみたいな発見があります。

山田　そこは、今の生き物を研究していてはあまり体験できない、古生物ならではの面白さですよね。**まだまだ驚くような大発見の余地がある**。

真鍋　面白いのは、僕ら恐竜の研究者の場合、恐竜が卵をどのように温めていたのかというのは、状況証拠で判断するしかありません。上に植物をかぶせてあったとか、上に座っていたとか、そういう状況を見て、「あ、こういうことをやって守ってたんだ」「こういう方法で温めていたのか」ということがわかってくるわけです。

山田　生きた恐竜の観察は、残念ながらできませんもんね。

真鍋　ですが、その子孫の鳥からわかることもあるんです。

例えば今、哺乳類的な視点で考えると卵を温めているのはメスだろうなと思いますが、鳥を見るとオスが卵を温めていたりするじゃないですか。

オビラプトルの場合も、骨の内部の骨髄が入っている空間のカルシウムの沈着具合を調べてみたら、**抱卵していたのは実はオスらしい**ということがわかっています。鳥を先取りしていているんですね。産むのはメスなんですが、抱卵するのはオスが代行している、分業している。そんなふうにオビラプトルひとつをとっても、どんどん新しいことがわかってきています。

山田　骨のカルシウムの状態から、オスかメスかがわかるんですね。

真鍋　特定できるのは産卵期のメスだけです。これは鳥の特徴なのですが、卵の殻を作る必要がありますから、骨髄にカルシウム貯蔵庫のようなものができるんですよ。だから、これがあれば産卵期のメスだということがわかります。

山田　恐竜と鳥には、そんな共通点もあるんだ。

真鍋　僕らは化石を理解するために、現生の鳥たちの卵の大きさや、卵の親の体のサイズなどを統計的に検討したりするんですが、やはり**オスの体が大きな種類だとか、巣の大きな鳥などの場合に、オスが積極的に抱卵を担当しているらしい**ことが発見されました。鳥の研究者ではなく、恐竜の研究者だからこそ調べたいと思えた成果ですね。

また2017年の3月に、オーストラリアのスズメ類の卵に関する面白い発見が報告されているんですが、それも恐竜学者の卵の研究が背景にあります。オーストラリアには、スズメ類の仲間が310種類ぐらいいるんですが、丸っこい卵を産む種類と細長い卵を産む種類がいるんですね。卵の形が違うこと自体は、もちろん鳥を専門としている方々も気がついていました。でも、なぜかというのはさほど気にしていなかったのかもしれません。

でも、恐竜の卵にいろいろな大きさがある、それはなぜかという研究を見ていて、今のスズメ類の卵の形の違いからはどんなことがわかるのかを調べてみたんですね。その結果、**割合に乾燥したところに卵を産む種は丸っこい卵、湿潤なところに産む種は細長い卵を産む**ということがわかったんです。

そんなふうに古生物学者と現生の生物学者が新しい着眼点を得てお互いに刺激し合い、研究が進んでいく。面白いことがわかってくるという面もあるんです。

山田　恐竜研究が進んだ背景には、そういう学際的な交流もあったんですね。

真鍋　研究が活気づけば、ほかの分野の人たちも入ってきて、どんどん新しいことがわかってきたりしますね。

山田　そういえば、**恐竜の卵は一般に、鳥に比べて細長い**ですよね。あれはなぜ？

真鍋　もともと爬虫類には尻尾がありますよね。二足歩行になった恐竜は、頭と尻尾でやじろべえみたいにバランスをとって走ったりしていました。でも、鳥の場合は飛ぶときには首を前に出して飛びますが、着陸したときは首を持ち上げて、体の重心に近いところに頭を持ってきますので、尻尾を使ってバランスをとる必要がない。だから、尻尾がいらなくなったようです。

尻尾があるとそこにあしの筋肉が付着するので、お尻が狭くなってしまいます。産める卵の直径には限界がありますが、長くすることはできる。だから、恐竜の卵は長いものが出てきたと考えられています。

でも、**鳥の場合は尻尾の骨をなくして尾羽に変えたために、骨盤を広げることができた。**それで、今の鳥は恐竜よりも直径の大きな卵を産めるようになった、細長い卵でなくてもよくなった、そんなふうに考えられているんです。

最新の分類説

山田　ところで、1887年から約130年間使われてきた**竜盤類と鳥盤類という二分法に異を唱える最新の学説**があるとおっしゃっていましたよね（118ページ参照）。そろそろ、そのお話を聞かせてください。

真鍋　まずはこの図を見てください（下図）。右が1887年にシーリーが提唱した竜盤類・鳥盤類による分類で、左が2017年に出てきた説です。この説に従うと、竜盤類からティラノサウルスやデイノニクスなどの肉食恐竜が鳥盤類側に引っ越すことになるんです。

山田　ええ～!?　骨盤の形は竜盤型のままなのに、なぜ？

真鍋　竜盤類が鳥に進化していったポイントは手首の動きが変わったこと、つまり羽ばたく動作ができるようになったことだというお話はしましたよね（112ページ参照）。

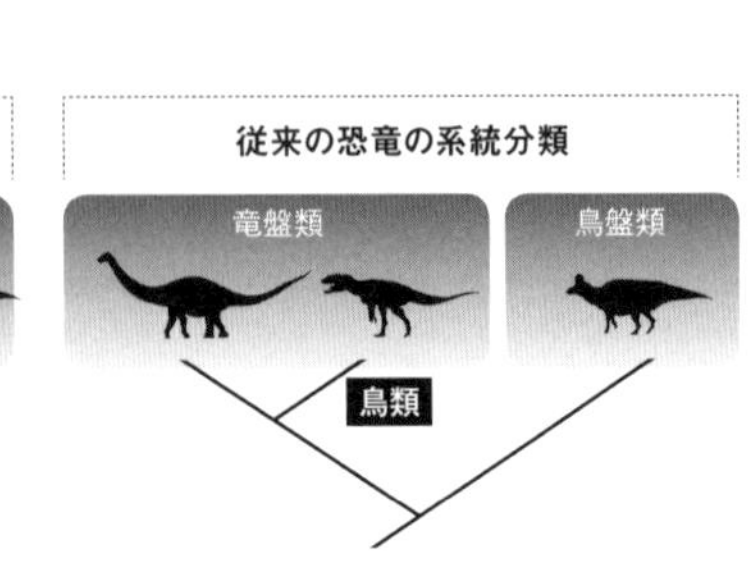

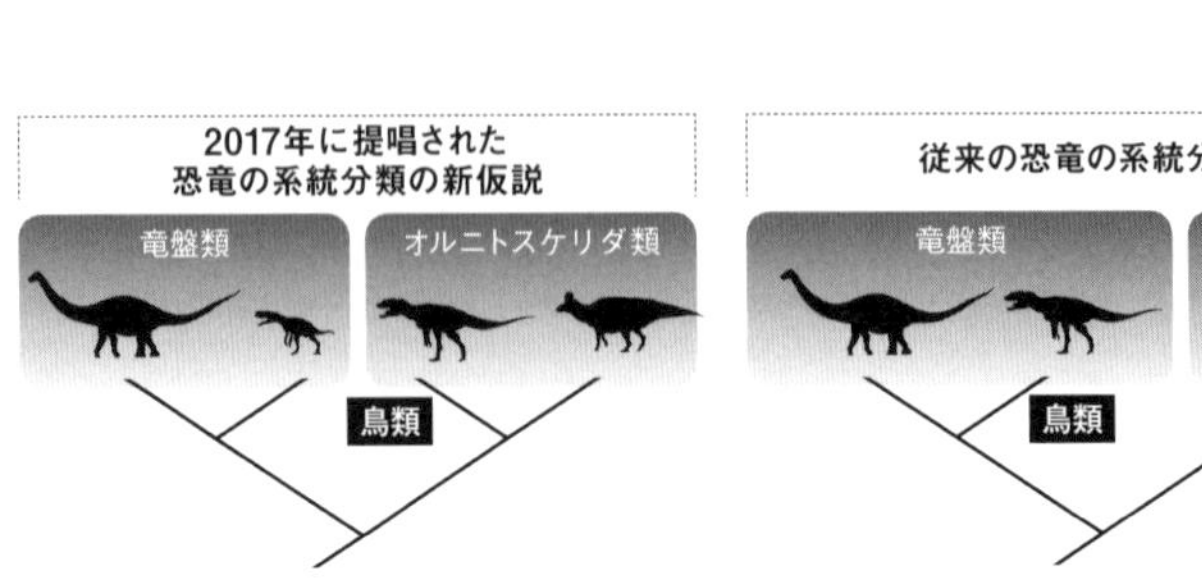

そこで、骨盤の特徴だけに着目するのではなく、化石の持つさまざまな特徴、例えば羽毛の有無であるとか、手首の可動域の違いであるとか、そうした特徴を数字に置き換えて計算（多変量解析）したら、「こんな結果が出ちゃいました」ということなんです。

山田　この図だと、**鳥へと進化する獣脚類と鳥盤類を一緒にして、新しくオルニトスケリダ類という括りを作るわけですね。**鳥盤類と鳥が近くなるのはいいけれど、分類が交錯してわかりにくいです！

真鍋　恐竜が大きくふたつのグループに分かれるという部分は残しているんです。鳥盤類プラス獣脚類のオルニトスケリダ類、そして、主な獣脚類がいなくなってしまった竜盤類のふたつです。本当は中身がかなり変わってしまっているのだから、竜盤類のほうも名称を変えないと紛らわしいんですが、分類学者は保守的であまり名前は変えたくないんですね。それで、竜盤類の名前は残っているんです。

山田　この分類でいくと、ティラノサウルスは竜盤類ではなくなるんですよね。

真鍋　この２０１７年の新説が採用されれば、「オルニトスケリダ類」になります。

山田　ティラノサウルスは「オルニトスケリダ類」の中の獣脚類になり、トリケラトプスは「オルニトスケリダ類」の中の鳥盤類になると。

真鍋　そうです。でも、ずっと長い間使ってきた竜盤類・鳥盤類という分類をここまで変えてしまうことになるので大変です。

山田　竜盤類の中から後に鳥に進化する獣脚類だけを鳥盤類と同じ括りに移すのは、やっぱり「鳥つながり」ってことですか？　**鳥に進化するやつらとしないやつらを同じ括りにするというのも、それはそれでモヤモヤしそうですが。**

真鍋　そこをまとめるということに、大きな意味はないと思うんです。ただ、彼らは新しく分析し直してみたら、竜盤類のうち鳥に進化していくグループが実は鳥盤類のほうにもっと近かったということがわかりました、と言っているんです。

山田　**だったら、竜盤類と獣脚類と鳥盤類の3つに分けたほうがスッキリしませんか？**　何も二分法にこだわらなくてもいいわけですから。

真鍋　3つに分けてもいいんですけれど、解析の結果、鳥になった肉食恐竜と鳥盤類は従来の考えよりも近いということなんです。

山田　近いとはいえ、鳥盤は鳥にならないという点で明らかに違いますよね。そもそも骨盤の形からして、今まで130年間も違うグループとしてやってきたぐらい違うわけですよ。だったら、竜盤類から出ていくティラノサウルスたち獣脚類が、竜盤類と鳥盤類の間にいる存在として一家を成し、3つに分かれるほうがわかりやすいですよ。

真鍋　おそらく、大きくふたつに分かれるのはいいんだけれど、その分かれる基準が全然違っていたことに気がついたというのが、この人たちの発見なんです。ちょっと紛らわしいのは、**鳥に進化していく獣脚類が引っ越すわけですが、実は全部が引っ越すわけではないんです。**

山田　ええっ!!　勘弁してくださいよ。この期に及んでまだそんな隠し球を出してきますか！　で、引っ越さないのはどんな恐竜なんですか。

真鍋　ヘレラサウルス（85ページ参照）とかですね。

山田　同じ獣脚類なのに、なぜティラノ親分たちについてこないんですか？

真鍋　引っ越すグループが持っている特徴をヘレラサウルスは満たしていないからです。まあ、恐竜は肉食から始まっているので、ふたつの分類の両方に肉食恐竜がいるのは自然なことでしょう。

山田　僕らから見れば不自然ですよ（笑）。で、この新しい分類は採用されそうなんですか？

真鍋　この説が発表されたのは２０１７年３月ですが、それがニュースになったからといって、翌日から博物館の展示を全部変えなくてはいけないかというと、そんなことはないんです。新しい説というのはすべて仮説ですから、まずはさまざまな角度から再検討してみる必要があります。すぐに新しい説には飛びつかないのが科学の姿勢です。

それで、早速データを見直して再検証してみた人たちがいるんです。データは新説を発表した人たちとそれほど変わらないんですが、**計算し直してみたら、竜盤類と鳥盤類に戻ってしまった**というんです。

それで結果を比較してみたところ、ピサノサウルスという三畳紀の最初に出てきた鳥盤類がいるんですが、結局のところこの恐竜の扱いでがらっと結果が変わってしまうことがわかりました。それというのも、この恐竜は骨格の一部しか見つかっていないので骨盤の形も本当のところはわかっていません。おそらくこうだろうと推定したもので、解析を行っています。推定が変われば、解析結果もころっと変わってしまうんですね。

山田　いやいや、**ピサノサウルスに罪はない**でしょ。悪いのは、勝手にいろいろな想像をめぐらせている人間ですよ。骨盤が見つかっていないのをいいことに、自分に都合のいい解釈をしているんですから（笑）。

こんなことを言ったら失礼ですが、**もう少し多くの化石が見つかってから落ち**

ピサノサウルス
Pisanosaurus
《ピサノ（人名）のトカゲ》
三畳紀後期に生息した原始的な鳥盤類。草食・二足歩行。全長約1m。

着いて議論されたほうがいいんじゃないですか。

真鍋　骨盤が見つかっていない化石でも、見つかった化石の部位によっては分類できるんです。ピサノサウルスの場合は、前歯骨（ぜんしこつ）という下あごの先端の小さな骨が見つかっています。これは今のところ、鳥盤類だけに進化した特徴なんです。だから、骨盤がなくてもピサノサウルスは鳥盤類だと言えるんですよ。

山田　そのピサノサウルスが、なぜそれほど重要な鍵を握っているんでしょう？

真鍋　ピサノサウルスは時代的にも、原始的な形においても、恐竜の起源に近いとされている種なんです。だから、**この恐竜がどっちに転ぶかで、その先の道筋が変わってしまう**んですね。もっと完全ないい化石がピサノサウルスに近いあたりの種から見つかると、もう少し白黒はっきりつくはずなんですよ。

山田　なるほど。でも、新旧の分類法を改めて見直してみると、やはり長年使って磨き上げてきただけあって、シーリーの二分法のほうが素人目にもよくできているような気がします。きれいな樹形図にまとまっていますしね。

真鍋　そうですね。きれいな階段状になっていますよね。

山田　僕が言うのも僭越（せんえつ）ですし、古い考え方かもしれませんが、やはり机の上のコンピュータで計算した数字より、地べたから掘り出した化石が物語る事実を重視すべきじゃないかと思います。計算だけだと、わずかな数値の違いから、事実と全く異なる結果が導き出されてしまう恐れもありますから。

真鍋　恐竜の常識って、新しい学説が出るたびに変わったりするじゃないですか。昔はある偉い先生が骨盤を見ればわかるんだと説明していた、次の先生は手首で決まるんだという、そんなふうにいろいろな説が出てくると、どちらのほうが正しいのかわからない。

だから、この研究をした人たちも、別に分類を新しくしようとしたわけではなく、コンピュータソフトを作って客観的なデータを入れれば、私がやってもあなたがやっても誰がやっても同じ結果になりますよね、というのを説明したかった。なるべく客観的に、数字に置き換えて説得力のある系統図を探そうとしているんだと思うんです。

恐竜学者になりたい

まだやることは残っていますか？

真鍋　「恐竜学者になるためにはどういう勉強をしたらいいですか」という質問は昔からあります。でも、15年ぐらい前から「自分が夢を叶えて恐竜学者になっても、まだやることは残っていますか」と、**余計な心配をする子どもが増えてきているんです。**

山田　それって、いくつぐらいの子どもですか？

真鍋　小学生です。

山田　すごいなぁ、今の小学生はそんな先のことまで心配してるんだ。

真鍋　キャリア教育の影響でしょうね。例えば、昔はプロ野球選手になりたい、サッカー選手になりたい、恐竜学者になりたいと子どもに言われたら、「頑張りなさいね」って普通に言っていたと思うんですけれど、キャリア教育的な発想だと「それって将来性のある職業なの？」とか「どのような準備をしなくてはならない職業なのか」といったことが問われるんだと思うんですよ。それで、余計な心配をする子どもが出てくるんでしょうね。

その問いに対して僕はいつも、「図鑑に載ってる全恐竜なんてほんの一部。今わかっていることなんて、恐竜の多様性を考えたら氷山の一角に過ぎないんだよ。君たちの孫の代になっても、人間は恐竜を知り尽くすことができないくらい研究しなくちゃいけない。**恐竜は山ほど眠っているから心配しなくていいよ**」と答えています。それは、本気でそう思うんですよ。

あとはその質問と同じ時期から、これもやっぱりキャリア教育の影響だと思うんですけれど、女の子は**「恐竜学者になったら、お給料はいくらもらえるんですか」**と聞いてくる（笑）。

山田　現実的ですね（笑）。僕は今どきの子どもはみんな「ユーチューバーになりたい」みたいなフワフワしたことしか考えていないと甘く見ていました。

真鍋　最初のうちは真面目に答えていたんですけれど、あるときふと思い立って、「お父様お母様は、だいたいいくらぐらいもらってらっしゃるの？」って聞いてみたら「知らない」って。「あ、知らないんだ」とわかって、ちょっとひと安心して、今はあまり夢を壊さない程度に適当に答えています。

山田　ほかにはどんな質問が出てきますか？

真鍋　あとは、昔からある質問ですね。「ティラノサウルスとトリケラトプスが戦ったら**どっちが強いんですか**」とか「ティラノサウルスとアロサウルスはどっちが強いんですか？　僕はアロサウルスのほうが手が長いから有利だと思います」みたいな質問は、時代を問わずありますね。

「アロサウルスとティラノサウルスはジュラ紀と白亜紀の恐竜で、７０００万年ぐらい違う時代に生きていたから、絶対に出会うことはないんだよ。戦う必要がないからそれは考えなくていいよ」と、以前はこれも真面目に答えていたんです。それは事実なんですが、やはりそれでは夢がないので最近は「絶対に出会わないということがまず大前提としてあるんだけれど、もし出会ったとしたら」みたいな感じで、ちょっとつきあうことにしています（笑）。

好きなだけでは無理？

山田　**日本人は恐竜好き**というお話がありました。実際、子どもに自然科学的な興味を持たせたい親が入口として恐竜を選ぶ率って、ＯＥＣＤ加盟国の中でも日本が一番高いんじゃないかと思うくらい。わが国の児童教育にとって、恐竜はそれほど重要です。

真鍋　そうかもしれないですね。親御さんは、恐竜に夢中になっている子のために、一所懸命博物館に連れていったり、本とかフィギュアを買い与えて応援するじゃないですか。でも、そのうちにその子が恐竜を卒業して、例えばポケモンのほうに夢中になっちゃったりして、すごくがっかりされていることはよくあります。

山田　みんな、いつ頃、どんなきっかけで卒業しちゃうんですか？

真鍋　今まで恐竜のことでずっと話しかけてきた男の子が、あるときからぷっつり来なくなる。中学生になると勉強や部活動で忙しくなるとかさまざまな要因はあるんですが、親御さんだけは恐竜のイベントに来てくださったりすることもあって。それで少し話をうかがうと「うちの子、最近全然恐竜の話をしないんです」とおっしゃるんですね。もう少し聞いてみると、女の子のほうに関心があるみたいだとか。それは自然なことなんですけれど、そんな話を聞きますね。

山田　うちは娘でしたから、小学校で女子校へ行った時点で恐竜は卒業でした。**恐竜に限らず科学全般を「女の子らしくない」と見る奇妙なジェンダー圧力**が、わが国ではいまだに根強いですからね。でも、中には恋愛も勉強も部活もジェンダー圧力も関係なく恐竜にハマり続ける子もいますよね。

真鍋　ずっと卒業しない子も、中にはいます。恐竜にしか関心がないというような子は、高校生ぐらいになってもいるんですよ。どんな高校に行っていても、高校生ぐらいまでなら将来恐竜学者になりたいという夢を持ち続けられるじゃないですか。

ただ**恐竜に夢中になるあまり、学校の勉強がおろそかになってしまって、希望の大学に入れない**という現実はあります。恐竜研究を続けられるような大学に入ろうと思ったら、ある一定の成績をとらないといけないんですが、点数がとれないという現実にぶち当たってしまうんです。

山田　国公立大学に行こうと思ったら、文系科目もやらなきゃいけませんものね。

真鍋　私立でも結構難しいですからね。そうするとそこで挫折する。仕方なく、文化系の入れる大学へ行くとか。

山田　それも残念な話ですよね。やっぱり、**単に恐竜が好きなだけでは恐竜学者にはなれない**ってことですね。

真鍋　「好きだ」という思いはもちろん大事だし、自分の支えになってくれます。ただ、研究の分野ではマニア的な興味だけでは、成功できないですね。

山田　マニアと研究者は違いますからね。

真鍋　例えば「僕はティラノサウルスのことが好きだ」と言ってティラノサウルスのことばかり考えている子はよくいますが、それ以外のことが考えられない。もちろん、強いとか、咬む力がすごいとか、あんなに短い手なのに力は強いとか、いろいろな好きなポイントはあってもいいんですよ。

でも、学問として考えた場合、咬む力がどうしたとか、手の力がどうしたで一生研究し続けられるかというと、どこかでネタが尽きてしまいます。研究になった場合は、そもそもなぜこのような進化が起こったのかというところで、手を替え品を替え、アプローチしないといけないわけですね。

研究って、常に新しい問いを自分で発見し続けなくてはならない側面もあります。 興味関心の領域が広いほうが、よいこともあります。もちろん研究者仲間の中には、子どもの頃からの恐竜少年、恐竜少女だった人もたくさんいますよ。

山田　ほかに興味関心が移ったり、必要な勉強ができなくて諦めたりする以外に、恐竜そのものが嫌になってしまう子もいたりしますか？

真鍋　一度好きになって勉強し始めたら、あまり冷めちゃうようなことはないと思いますよ。特に男子に比べると、女子のほうが少ないような気がしますね。男子女子にかかわらず、**アメリカなどのほかの国では、「古生物学者という職業があること自体知りませんでした」と言う人が結構多いんです。** でも、日本ではそういうことはなくて、比較的みんなが古生物学者、恐竜の研究者の存在を知っています。博物館や図鑑の監修の先生とか、ロールモデルがそばにいるというイメージがありますね。

研究をやめてしまう人は、僕の周りを見ていると、恐竜そのものというよりも、人間関係のファクターのほうが多いような気もします。

山田　あらゆることを続けていく上で最大のハードルになるのは、実は人間関係ですからね。だからこそ、それ以外の理由で諦めてしまうのはもったいない。

僕は以前、時計関係の専門学校で教えていたことがありますが、調速理論の数式で脱落してしまう生徒が結構、多いと聞きました。でも、物理や数学が苦手でも、時計を作ることはできるんです。**ひとつ、ふたつハードルが越えられなくても、迂回すればいいんですよ。**恐竜研究の場合、そういう多くの人が脱落しがちなハードルはなんですか？

真鍋　その話に近いのは、**生物を解剖しなくちゃいけない**というところですね。僕は鳥の解剖くらいなら、料理をするのとそんなに変わらないと思うんですが、やはりワニのような大きなものを解剖していると、えぐいなと思うことはあるんですよ。それを嫌だと思う子の気持ちもわからなくもないんだけれど、そこがある意味、分かれ道になりますね。女の子だけではなく、男の子でもだめな子はだめです。

山田　解剖はビジュアル的にきついだけではなく、においもありますからね。実は僕は獣医を目指した時期があったのですが、においが生理的にだめで諦めました。あればっかりは努力では超えられませんし、獣医の場合、においは迂回しようがありません。

真鍋　そこをうまくかわせれば乗り越えられるんですけれど、古生物学といっても生物学ですから、解剖のような経験はどうしても必要なんですよ。

僕はこうして恐竜学者になれた

真鍋　正直に言ってしまうと、僕は大学に入るときに特にこれをやりたいということはなかったんです。僕が通っていたのは割合のんびりした都立高校だったので、こんな場所を仕事場にできたらいいなと思って、教育学部の地学科に行ったんですよ。地学を選んだのは、地学や地理なら勉強という名目でいろいろなところに旅行に行けていいなというぐらいの不純な動機です（苦笑）。

山田　最初から古生物を学ばれたわけではなかったんですね。

真鍋　日本の地質学は歴史も伝統もあるんですが、あるとき大学の指導教官に、奥秩父（おくちちぶ）の山々がいつどのようにできてきたか、まだ世界の誰にもわかっていない。それを解明できたらすごいと思わないかと言われたんです。その先生、人をのせるのがすごく上手なんですよ（笑）。山に行って石を採取してそれを分析したら、秩父はいつどうやってできたかわかると聞いて、それはなかなかロマンがあるなと思って研究を始めました。

海の底に堆積した岩石の中から、プランクトンみたいな化石が出てきます。このような化石の中には進化速度が速く、ジュラ紀前期と中期と後期で出てくる種類が違うものがあります。だから、その種類が出る地層ならジュラ紀後期の1億5000万年くらい前だろうということがわかるんですよ。それで研究が面白くなっていったんです。

ただその時点ではまだ、学究の道に進むつもりはなく、卒業したら都立高校の教師になろうと思っていました。

山田　研究者になろうと決意なさったきっかけは？

真鍋　運よくロータリー財団というところの奨学金をいただいて、カナダに留学できることになりました。大学4年生の1年間カナダで過ごしたんです。そこでカナダの大学院生が「ロッキー山脈が、いつ、どうやってできたのか」という似たような研究をしていました。当時、プレートテクトニクスというグローバルな動きで各地域の地質が説明され始めていた、面白い時代でした。このカナダの大学院生たちは卒業後のことなんて考えていない。どう進化しているかを知りたくて、ただ研究しているという人が何人もいました。

よい研究をしないと生き残れないからみんな必死だったのですが、当時の僕にはカッコいい側面しか見えませんでした。僕も日本に帰ってそのまま就職するよりも、もうちょっと勉強してみようと思って、大学院に進むことにしたんです。

ちょうどその頃、僕の通っていた大学で教鞭をとっておられた**長谷川善和**（はせがわよしかず）**先生は、歯や骨のかけらを見ただけで、どの動物のどの場所かがわかるという人**だったんですよ。例えば歯の形を見て、これはウサギの下あごの第三後臼歯だということがわかったりするんです。

長谷川先生の授業を受けたときに、沖縄の宮古島に今は毒ヘビのハブはいないけれど、数万年前にはハブがいたということが化石からわかるという話を聞いて、**こんなパーツからそんなにさまざまなことが読み解けるなんてすごい、面白い**と思ってちょっと始めてみて今日に至るという……（笑）。

山田　もともとは、地質を学ばれていたんですね。

真鍋　もともとはね。

山田　地質学から古生物学へって、そんなにすんなり移れるものなんですか。

真鍋　昔はそうですね。でも、今は違います。**今は分子生物学とかDNAとか発生学とか、どのようにそれが進化し得たのかというところまで、突き詰めて考えないといけなくなりました。**昔のように「地面を掘ったらこんな変なやつがいました」というだけでは、なかなか研究として成り立たないんです。そうすると、周辺のより生物学的なことを勉強しないといけなくなる。だから、生物学の比重が高くなっていっています。

山田　恐竜学者になるまでのハードルが、どんどん増えていってるんですね。

真鍋　なかなか大変だと思いますが、**かなりやりがいのある分野**ですよ。

生物多様性が少なくなったと言われている現代でも、６０００種類の哺乳類、1万種の鳥類がいるわけです。三畳紀・ジュラ紀・白亜紀と1億数千万年繁栄した恐竜が、現在わかっているような１０００種、さらに言うと1万種でも全然少ない。何十万種といたはずなんです。

だから、**私たちがまだ発掘していなかったり、ちゃんと見極めていなかったりする恐竜のほうが多いはずです。**僕らはまだ氷山の一角、ごく一部のものだけを見て、恐竜はこういうふうに進化をしたと言っているわけです。

だから冒頭の話（プロローグ）に戻りますが、「なぜ恐竜常識がそんなにしょっちゅう変わっちゃうの？」という話は、要するに**人間がまだ恐竜の全体像をつかみきれていない**からです。大きく前進することもあれば、時にはどんでん返しもあります。でも、学問は積み重ねですから、どんどん情報が増えていって理解が正しくなっているというふうに、なっていてほしいんですけれど（笑）。

恐竜研究はまだ途上にあるので、今後どんどん新しい化石、新しい事実が見つかってくると、「えーそうだったの！」ということが、実はまだまだ出てくると思います。

山田　出てくるスピードもどんどん早くなっていますしね。**現時点での最新の常識も、5年後に通用するとは限らない。**恐竜というだけあって、恐ろしい世界です（笑）。

真鍋　ただ、やはりなんでもそうですけど、新聞でも雑誌でも自分の興味のある記事が出ていればそれを読むじゃないですか。古い教科書や図鑑をかたくなに持ち続けるのではなく、自分の興味関心のおもむくままに、アンテナを張っていていただけるとうれしいですね。

山田　結論としては、**「図鑑を買うなら最新版を買え」**ってことですね。

真鍋　図書館などもうまく利用して、何冊かの図鑑を見ると、こんなところが違うという新しい発見にもつながるじゃないですか。比べてみるのも楽しいですよ。

恐竜化石は過去を教えてくれる存在ですが、それを手にしている私たちと現在、そしてその近未来を考えさせてくれます。これからも、恐竜と長くつきあっていってくださいね。

おわりに

山田五郎

日本が世界に誇る「怪獣」文化は、「実在した怪獣」としての恐竜への国民的関心を高めることにも貢献しているようです。日本ほど恐竜の博物館や展覧会が多い国はありません。おかげで多くの子どもたちが、恐竜を通じて自然科学への興味を育ててきました。かくいう私もそのひとりです。

ところが、大人になって子どもに恐竜を教えようとしたときに、大きな問題に突き当たりました。自分が子どものころに学んだ知識が、およそ通用しなかったのです。さらに驚いたことに、私だけではなくより若い世代の親たちも、同じ悩みを抱えていました。

それというのも、恐竜に関する学説が常に変わり続けているからです。それも二足歩行が四足歩行になったりウロコが羽毛になったりと、見た目が激変してしまうレベルで。進化の過程における位置づけも、どんどんややこしくなっています。いつの間にか恐竜は鳥の祖先になっていて、しかも鳥に進化したのは鳥盤類ではなく竜盤類の恐竜だとか……。これではせっかく恐竜を入り口に自然科学に目覚めさせようと子どもを博物館に連れて行っても、親の威厳が保てません。

恐竜に関する学説は、なぜこんなにも変わるのか？　何がどう変わってきて、今後どう変わっていくのか？　恐竜学者をつかまえてとことん問いただしてみたいとずっと思っていましたが、ついにその夢がかないました。

国立科学博物館の真鍋真さんは、世界的な恐竜学者でありながら初歩的な疑問や失礼な突っ込みにもニコニコ答えてくださる人格者。同世代の気安さも手伝って、積年の疑問を遠慮なくぶつけさせていただきました。おかげで、「２０１８年現在ではこれだけ知っておけば子どもに大きい顔ができる」ガイドブックができたのではないかと自負しています。

最後に余談になりますが、私は少年時代に星新一のＳＦ小説を飾る真鍋博画伯の挿絵を見て、未来と宇宙人に思いを馳せました。半世紀近い時を経て、今度はその息子さんから太古の地球生物のお話をうかがうことになろうとは。実に感慨深いです。貴重な機会を与えてくださったウェッジ編集部書籍編集室の山本泰代さん、元ウェッジ営業部の市橋栄一さん、ライターの長井亜弓さん、そしてどんな愚問にも笑顔で答えてくださった真鍋真さんに、心から感謝申し上げます。

竜盤類

ブラキオサウルス／*Brachiosaurus* ……p.20, 21, 31, 81
ブロントサウルス／*Brontosaurus* ……p.12, 20, 142, 143, 144, 145, 146
［白亜紀の竜脚類］
パタゴティタン／*Patagotitan* ……p.73

鳥盤類

原始的な鳥盤類

クリンダドロメウス／*Kulindadromeus* ……p.153, 177
ピサノサウルス／*Pisanosaurus* ……p.202, 203

鳥脚類

［白亜紀の鳥脚類］
イグアノドン／*Iguanodon* ……p.38, 42, 44, 51, 61, 115
エドモントサウルス／*Edmontosaurus* ……p.126
パラサウロロフス／*Parasaurolophus* ……p.87, 129, 131
マイアサウラ／*Maiasaura* ……p.28, 38, 52, 87, 115, 126, 129, 192

装盾類

［ジュラ紀の装盾類］
アンキロサウルス／*Ankylosaurus* ……p.32, 38, 87, 115
ステゴサウルス／*Stegosaurus* ……p.32, 33, 34, 38, 50, 86, 87, 115

周飾頭類

［白亜紀の周飾頭類］
スティラコサウルス／*Styracosaurus* ……p.133
トリケラトプス／*Triceratops* ……p.29, 32, 34, 35, 36, 38, 50, 81, 87, 115, 121, 129, 130, 134, 135, 138, 139, 199
パキケファロサウルス／*Pachycephalosaurus* ……p.22, 23, 38, 116, 119, 139
プシッタコサウルス／*Psittacosaurus* ……p.176, 177
プロトケラトプス／*Protoceratops* ……p.51, 52, 194

日本の恐竜

フクイベナトール／*Fukuivenator* ……p.160
フタバスズキリュウ／*Futabasaurus suzukii* ……p.120, 157, 158
ミフネリュウ ……p.158, 159
むかわ竜 ……p.99, 160, 161
モシリュウ ……p.157, 158

【この本に出てくる恐竜一覧】

竜盤類

獣脚類

［三畳紀の獣脚類］

エオラプトル／*Eoraptor* …… p.85

プロトエイビス／*Protoavis* …… p.56, 57

ヘレラサウルス／*Herrerasaurus* …… p.85, 201

［ジュラ紀の獣脚類］

アロサウルス／*Allosaurus* …… p.29, 86, 131, 206, 207

アンキオルニス／*Anchiornis* …… p.176, 188

イー／*Yi* …… p.73

始祖鳥／*Archaeopteryx* …… p.25, 48, 55, 56, 82, 83, 84, 86, 87, 96, 104, 113, 116, 169, 179, 181, 183, 190

メガロサウルス／*Megalosaurus* …… p.42, 43

［白亜紀の獣脚類］

ヴェロキラプトル／*Velociraptor* …… p.113, 121, 160, 161

オビラプトル／*Oviraptor* …… p.22, 192, 194, 195

オルニトミムス類／Ornithomimus …… p.178, 182, 183

シノサウロプテリクス／*Sinosauropteryx* …… p.53, 176, 189, 190

スピノサウルス／*Spinosaurus* …… p.15, 16, 17, 19, 20, 25, 99

デイノニクス／*Deinonychus* …… p.52, 111, 112, 113, 160, 198

ティラノサウルス／*Tyrannosaurus* …… p.12, 13, 15, 16, 26, 27, 34, 35, 36, 38, 51, 52, 53, 67, 68, 72, 87, 90, 91, 105, 115, 118, 126, 127, 131, 132, 139, 146, 147, 148, 149, 150, 151, 153, 177, 183, 198, 199, 200, 206

ディロング／ *Dilong* …… p.147, 148, 149

ハルシュカラプトル／*Halszkaraptor* …… p.99

ミクロラプトル／*Microraptor* …… p.111, 179, 180

モノニクス／*Mononykus* …… p.183

竜脚類

［三畳紀の竜脚類］

プラテオサウルス／*Plateosaurus* …… p.122

［ジュラ紀の竜脚類］

アパトサウルス／*Apatosaurus* …… p.12, 21, 38, 59, 86, 115, 128, 139, 142, 143, 144, 145, 146

ディプロドクス／*Diplodocus* …… p.50, 128, 146, 157

●著者略歴●

真鍋 真（まなべ・まこと）

一九五九年東京都生まれ。国立科学博物館 標本資料センター・分子生物多様性研究資料センター センター長。PhD。

恐竜など中生代の爬虫類、鳥類化石から、生物の進化を少しでも理解しようと、化石と心の中で対話する日々を送っている。

著書に『深読み！ 絵本せいめいのれきし』（岩波書店）などがある。

そのほか、恐竜の図鑑や本の監修、博物館展示・展覧会の監修多数。

山田五郎（やまだ・ごろう）

一九五八年東京都生まれ。編集者・評論家。

上智大学文学部在学中にオーストリア・ザルツブルク大学に1年間遊学し西洋美術史を学ぶ。

卒業後、講談社に入社。「Hot-Dog PRESS」編集長、総合編纂局担当部長等を経てフリーに。

時計、西洋美術、街づくりなど幅広い分野で講演、執筆活動を続けている。

『ヘンタイ美術館』（ダイヤモンド社）、『知識ゼロからの西洋絵画 困った巨匠対決』（幻冬舎）など、著書多数。

大人のための

恐竜教室

二〇一八年　八月二〇日　第1刷発行
二〇二二年　九月二七日　第3刷発行

著　者　真鍋 真・山田五郎

発行者　江尻 良

発行所　株式会社ウェッジ
〒101-0052 東京都千代田区神田小川町1-3-1
NBF小川町ビルディング3階
電話：03-5280-0528　FAX：03-5217-2661
振替00160-2-410636
https://www.wedge.co.jp

印刷・製本所　図書印刷株式会社

編集協力　長井亜弓
イラスト　川崎悟司
写真　野頭尚子
ブックデザイン　鈴木康彦

ISBN 978-4-86310-205-7 C0045